装备科技译著出版基金

航空固体材料和结构力学

Mechanics of Aeronautical Solids,
Materials and Structures

［法］克里斯托夫·布韦（Christophe Bouvet） 著

滕英元 译

国防工业出版社

·北京·

著作权合同登记　图字:01-2022-4700 号

Translation from the English Language edition:
Mechanics of Aeronautical Solids, Materials and Structures by Christophe Bouvet
ISBN 978-1-78630-115-9
Copyright © 2017 John Wiley & Sons, Inc.
All Rights Reserved. This translation published under license with the original publisher John Wiley & Sons, Inc. No part of this book may be reproduced in any form without the written permission of the original copyrights holder. Copies of this book sold without a Wiley sticker on the cover are unauthorized and illegal.

本书中文简体中文字版专有翻译出版权由 John Wiley & Sons, Inc.公司授权国防工业出版社。未经许可,不得以任何手段和形式复制或抄袭本书内容。
本书封底贴有 Wiley 防伪标签,无标签者不得销售。
版权所有,侵权必究。

图书在版编目(CIP)数据

航空固体材料和结构力学 /(法)克里斯托夫·布韦(Christophe Bouvet)著;滕英元译. —北京:国防工业出版社,2023.9
书名原文:Mechanics of Aeronautical Solids, Materials and Structures
ISBN 978-7-118-12676-1

Ⅰ.①航⋯　Ⅱ.①克⋯ ②滕⋯　Ⅲ.①固体-航空材料-结构力学　Ⅳ.①V25 ②V214

中国国家版本馆 CIP 数据核字(2023)第 160179 号

※

国防工业出版社出版发行
(北京市海淀区紫竹院南路 23 号　邮政编码 100048)
三河市腾飞印务有限公司印刷
新华书店经售

*

开本 710×1000　1/16　插页 3　印张 14　字数 244 千字
2023 年 9 月第 1 版第 1 次印刷　印数 1—1500 册　定价 118.00 元

(本书如有印装错误,我社负责调换)

国防书店:(010)88540777　　书店传真:(010)88540776
发行业务:(010)88540717　　发行传真:(010)88540762

译 者 序

法国科学家克里斯托夫·布韦(Christophe Bouvet)所著《航空固体材料和结构力学》(Mechanics of Aeronautical Solids, Materials and Structures)专注于航空领域，将固体力学、材料力学和结构力学融合成一个整体。该书系统阐述了应力、应变、本构关系、分级准则、塑性问题、复合材料应用等基本理论，并详细介绍了有限元方法、能量最小化方法等问题求解的基本方法。针对航空领域中的实际问题，附上若干实例供读者练习和理解。该著作深入浅出、图文并茂，注重理论与实践的结合，完美体现了固体力学、材料力学和结构力学原理与航空设计理念的结合。

克里斯托夫·布韦教授是法国航空研究院的专家，与空客公司有着长期的合作关系，目前在法国图卢兹高等航空航天学院和克莱门特·阿德勒研究所工作。克里斯托夫·布韦教授长期从事复合材料力学及结构工程应用方面的研究。在数值建模模拟、力学性能测试、有限元建模分析、材料的表征等方面都有很深的造诣，发表专著5部，论文170多篇。他是现代航空领域的权威专家，在国内外受到行业内广泛关注。该书就是作者在空客公司工作实践的经验积累和总结。克里斯托夫·布韦教授的这部著作是一本值得所有热衷学习航空固体材料和结构的人学习的好书。译者尽自己所能翻译作者的思想，以真实地反映作者所著的深刻内涵，如有因为我的理解错误而产生译文不当或谬误之处，请读者不吝赐教。本书中原图的彩色版本可在 www.iste.co.uk/bouvet/aeronautical.zip 进行查阅。

在本书翻译过程中，我得到了沈阳航空航天大学航空宇航学院的鼎力支持。我的学生张瑞恩、褚佳伟、李依萍等在翻译初期做了一些辅助工作，我的儿子滕飞博士以及夫人金英女士也分别审看了部分译稿。对于以上各位给予的有价值的帮助，在此表示衷心的感谢！此外，国防工业出版社肖志力女士和崔艳阳女士在本书翻译以及编辑过程中也给予了许多帮助，谨在此一并致谢！

滕英元
2023年1月15日夜
于辽宁沈阳汇宝国际花园

序

本书遵循了在机械工程学院教学过程中长期养成的传统,这个传统已经持续了一个多世纪,这个传统最早始于图卢兹机械工程科学的学术界,现在已经并入了 CA 研究所。正如所有杰出前辈的思想一样,本书非常及时地阐明了开发过程中方法的独特性和独创性,这些方法具有较高的科学地位,并与航空工业有着长久紧密的联系。本书为读者在计算结构、分步训练和涵盖领域提供了必要的知识与技术。航空工程师可以在本书的字里行间找到他或她所需要的所有有用信息,包括连续介质力学基础、有限元方法,以及线性和非线性领域的材料、金属和复合材料的知识。所提供的信息以一种非常清晰且具有直观教学的形式呈现给读者,读者还可以利用一系列令人印象深刻的、详细的、举一反三且可修正的练习来完成这门课程的学习,这在其他书里通常是不常见的。

布鲁诺·卡斯塔尼

法国国家应用科学研究所

图卢兹·克莱门特·阿德勒研究所

前　　言

　　本书的目的是对航空领域内结构分级的概念进行描述。

　　首先,建立了所有力学应有的经典概念:应力、应变、力学应力应变本构关系和分级准则,同时还包括航空学特有的概念,特别强调限定载荷和极限载荷的概念。

　　其次,介绍了问题求解的一些不同方法,特别是有限元法。这些方法并不是按照传统的方式提出的,而是利用能量最小化方法引导出来的,目的是使方程的数量最小化,把所有这些方法都归结为用一种简单且轻而易举的方式来描述的框架内。

　　再次,讨论了关于塑性的主题,展示了塑性对结构分级的影响,特别是对分级准则的影响。

　　最后,讨论了航空领域中两种主要材料,即铝和复合材料的物理性质,以便阐明前几章中讨论的分级准则。

　　举一反三可反复修正的练习可以帮助学生测试他们对不同主题的理解。

　　本书的原创之处在于,从一开始,就把自己置身于航空领域。分级准则在这个领域确实具有特殊的地位,然而,所讨论的概念对大多数工业领域仍然适用,在机械工程和有限元中,这些概念实际上是相同的。

　　本书另一个原创之处在于,它用更简洁的方式对有限元法进行了阐述,并对航空结构中主要材料(铝和复合材料)在材料学方面进行了讨论,这巩固了连续固体力学的基本知识体系。因此,本书是对在研究部门工作的(空客)工程师所必需的基本知识的总结。同时,本书面向刚开始受培训的学生和已经在该领域工作的工程师,他们渴望获得这些基本理论的总结。

　　最后,本书的目标是尽可能地减少公式的数量,以凸显物理和力学本质的重要性。建议任何可能对理论推导感兴趣的读者参考更具体和理论性的著作,如文献[11,18,21,23-29]等。

克里斯托夫·布韦
2017 年 1 月

目 录

第0章 引言 ………………………………………………………………………… 1

第1章 应力 ………………………………………………………………………… 2

  1.1 应力的概念 ………………………………………………………………… 2

    1.1.1 外力 …………………………………………………………………… 2

    1.1.2 内力 …………………………………………………………………… 2

    1.1.3 正应力、切应力 ……………………………………………………… 3

  1.2 应力矢量的性质 …………………………………………………………… 4

    1.2.1 边界条件 ……………………………………………………………… 4

    1.2.2 内力的斜矩 …………………………………………………………… 5

    1.2.3 相互作用 ……………………………………………………………… 7

    1.2.4 柯西互等定理 ………………………………………………………… 8

  1.3 应力矩阵 …………………………………………………………………… 9

    1.3.1 符号表示 ……………………………………………………………… 9

    1.3.2 应力张量的不变量 …………………………………………………… 11

    1.3.3 应力张量与应力矢量之间的关系 …………………………………… 12

    1.3.4 主应力和主方向 ……………………………………………………… 14

  1.4 平衡方程 …………………………………………………………………… 16

  1.5 莫尔圆 ……………………………………………………………………… 18

第2章 应变 ………………………………………………………………………… 21

  2.1 应变的概念 ………………………………………………………………… 21

    2.1.1 位移矢量 ……………………………………………………………… 21

    2.1.2 单位应变 ……………………………………………………………… 21

    2.1.3 角应变 ………………………………………………………………… 23

  2.2 应变矩阵 …………………………………………………………………… 25

    2.2.1 应变矩阵的定义 ……………………………………………………… 25

    2.2.2 主应变和主方向 ……………………………………………………… 28

2.2.3　体积膨胀 ·· 30
　　2.2.4　应变张量的不变量 ···································· 30
　　2.2.5　相容性条件 ··· 31
2.3　应变测量：应变仪 ··· 31

第3章　本构关系法则 ·· 33
3.1　几个定义 ··· 33
3.2　拉伸试验 ··· 33
　　3.2.1　脆性材料 ··· 34
　　3.2.2　韧性材料 ··· 34
　　3.2.3　特殊情况 ··· 35
3.3　剪切试验 ··· 35
　　3.3.1　脆性材料 ··· 36
　　3.3.2　韧性材料 ··· 36
3.4　一般规则 ··· 37
　　3.4.1　线性弹性 ··· 37
3.5　各向异性材料：复合材料的例子 ······························ 40
　　3.5.1　弹性 ·· 41
3.6　热弹性力学 ·· 42

第4章　求解方法 ·· 45
4.1　解的评估 ··· 45
4.2　位移法 ·· 46
4.3　应力法 ·· 46
4.4　有限元方法 ·· 47

第5章　功能原理：有限元法原理 ··································· 48
5.1　功能原理 ··· 48
　　5.1.1　假设 ·· 48
　　5.1.2　应变能 ··· 49
　　5.1.3　外力功 ··· 49
　　5.1.4　应变能 ··· 50
　　5.1.5　能量最小化：里兹法 ··································· 51
5.2　有限元方法 ·· 52
　　5.2.1　有限元方法的一般原理 ································ 52
　　5.2.2　三节点三角形单元的例子 ····························· 55
5.3　应用：采用Catia进行三角形板有限元分析 ················ 60

目录

第6章 航空结构分级准则 ... 62
- 6.1 引言 ... 62
- 6.2 分级准则的试验测定 ... 63
- 6.3 正应力或主应力准则:脆性材料 ... 65
- 6.4 应力或最大剪切能准则:延展性材料 ... 67
  - 6.4.1 特雷斯卡准则 ... 67
  - 6.4.2 冯·米塞斯准则 ... 69
  - 6.4.3 韧性材料的断裂 ... 72
- 6.5 最大摩擦剪切准则:脆性材料的压缩 ... 74
- 6.6 各向异性准则:复合材料的例子 ... 78

第7章 塑性 ... 81
- 7.1 引言 ... 81
- 7.2 可塑性失稳:颈缩,真实应力和真实应变 ... 83
- 7.3 塑性本构关系:兰贝格·奥斯古德定理(Ramberg-Osgood)定律 ... 86
- 7.4 弹塑性计算实例:开孔受拉板 ... 88

第8章 航空结构材料的物理特性 ... 94
- 8.1 引言 ... 94
- 8.2 铝2024 ... 96
- 8.3 碳/环氧树脂复合材料 T300/914 ... 100
- 8.4 聚合物 ... 104

第9章 练习题 ... 114
- 9.1 应变花应力分析(罗赛特分析) ... 114
- 9.2 纯剪切 ... 116
- 9.3 弹性固体的压缩 ... 116
- 9.4 重力坝 ... 117
- 9.5 剪切模量 ... 117
- 9.6 复合材料的模量 ... 118
- 9.7 圆轴扭转 ... 119
- 9.8 塑性压缩 ... 120
- 9.9 双向材料梁的拉伸 ... 122
- 9.10 梁的热膨胀 ... 123
- 9.11 切应力作用下的单元体 ... 124
- 9.12 受压球形罐 ... 125

- 9.13 塑性弯曲 …… 127
- 9.14 径向拉伸圆盘 …… 129
- 9.15 弯曲梁:里兹法求解 …… 130
- 9.16 开孔板的应力集中 …… 131
- 9.17 弯曲梁 …… 134

第10章 练习题解答 …… 139
- 10.1 应变花应力分析(罗赛特分析) …… 139
- 10.2 纯剪切 …… 145
- 10.3 弹性体的压缩 …… 146
- 10.4 重力坝 …… 148
- 10.5 剪切模量 …… 152
- 10.6 复合材料的模量 …… 154
- 10.7 圆柱扭转 …… 156
- 10.8 塑性压缩 …… 161
- 10.9 双层材料梁的拉伸 …… 163
- 10.10 梁的热膨胀 …… 170
- 10.11 切应力作用下的立方体 …… 175
- 10.12 球形压力储气罐 …… 178
- 10.13 塑性弯曲 …… 182
- 10.14 径向拉伸圆盘 …… 185
- 10.15 弯曲梁:里兹法求解 …… 190
- 10.16 开孔板的应力集中 …… 193
- 10.17 弯曲梁 …… 195

附录:解析公式 …… 205
- A1 笛卡儿坐标下的解析公式 …… 205
- A2 柱坐标下的解析公式 …… 206
- A3 球坐标下的解析公式 …… 208

参考文献 …… 210

第 0 章 引　　言

考虑固体 S，该固体受位移约束和外力作用，如图 0.1 所示。

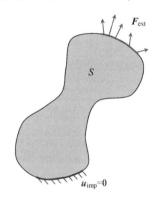

图 0.1　问题概述

可变形固体力学研究的是材料内部的状态(应力的概念)和材料变形的形式(应变的概念)[18,26,24]。

在力学中，对机械构件或系统的设计应该满足下面的条件：

（1）防止其断裂破坏；

（2）防止其永久变形；

（3）防止其变形过大；

（4）用于任何其他相关目的。

所研究的固体可视为连续介质固体，即视为连续的有质量的物质点的集合，点表示为由无限小体积包围的物质状态。

连续变形固体力学使得研究 M 点处的内聚力(应力的概念)成为可能，就像施加在小体积元周围上的力，这个体积称为表征单元体(REV)。对于金属材料而言，表征单元体的尺度通常在 1/10mm 的范围内。

表征单元体包含的物质必须视为连续和均匀的。

如果尺度太小，则不能视为均匀的，如原子堆积，物质中含有杂质、颗粒等。

如果尺度太大，其中心内聚力的状态将不再代表表征单元体的状态(对于混凝土，表征单元体通常在 10cm 范围内)。

第1章 应　　力

1.1　应力的概念

1.1.1　外力

外力有三种类型：

(1) 集中力。这是施加在点上的力(单位 N)。在实践中,这种力实际上并不存在,它只是一个理想的抽象模型。如果对一个表面积为 0 的点施加一个力,单位面积上的压力将是无限的,因此固体的变形将导致一个非零接触面。尽管如此,仍然可以用集中力来研究球与球之间具有非常集中的接触类型载荷的问题,因而,结果将产生一个无穷大的应力,这也需要对此做出相应的解释。

(2) 表面力。本书以后用矢量 F_{ext} 表示表面力(单位 Pa)。这种力包括两个固体之间的接触力以及流体的压力等。实际上,任何集中力都可以看作是分布在无限小接触面上的表面力。

(3) 体积力。本书以后用矢量 f_V 表示(单位 N/m³),重力、电磁力等都属于体积力。

1.1.2　内力

处于平衡状态的固体 S,在外力作用下,在点 M 处的内力,如图 1.1 所示。通过 M 点,用一个法矢量为 n 的平面将固体 S 切成两部分 E_1 和 E_2。取 E_1 部分为研究对象,其上受外力作用,以及 E_2 对 E_1 的内力作用,并处于平衡状态。

设 ΔS 为包围 M 点的面积,矢量 ΔF 为 E_2 对 E_1 部分施加在 ΔS 上的内力,则 M 点处与法矢量 n 所对应面上的应力矢量表示为

$$\sigma(M,n) = \lim_{\Delta S \to 0} \frac{\Delta F}{\Delta S} = \frac{dF}{dS} \tag{1.1}$$

单位为 N/m² 或 Pa,一般采用 MPa 或 N/mm²。

从物理上讲,应力的概念与日常生活中压力的概念相当接近(单位甚至是相同的),但正如进一步看到的那样,压力只是应力的一个特殊例子。

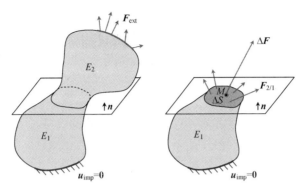

图 1.1 内聚力原理

1.1.3 正应力、切应力

把上面的应力矢量分解为正应力和切应力,如图 1.2 所示。

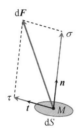

图 1.2 应力矢量的分解

正应力,应力矢量 $\boldsymbol{\sigma}(M,\boldsymbol{n})$ 在法向 $\boldsymbol{n}$ 上的投影,记作 σ;

切应力,应力矢量 $\boldsymbol{\sigma}(M,\boldsymbol{n})$ 在法向 $\boldsymbol{n}$ 所对应平面上的投影,记作 τ。

因此,σ 表示垂直于切面的正应力,即拉应力或压应力,τ 表示切面上的应力,即切应力。从物理意义上讲,日常生活中的压力只是一种法向的压应力。

因此有

$$\boldsymbol{\sigma}(M,\boldsymbol{n}) = \sigma\boldsymbol{n} + \tau\boldsymbol{t} \tag{1.2}$$

式中:$\boldsymbol{n}$、$\boldsymbol{t}$ 为单位矢量。

相应地,有

$$\begin{cases} \sigma = \boldsymbol{\sigma}(M,\boldsymbol{n}) \cdot \boldsymbol{n} \\ \tau = \boldsymbol{\sigma}(M,\boldsymbol{n}) \cdot \boldsymbol{t} \end{cases} \tag{1.3}$$

1.2 应力矢量的性质

1.2.1 边界条件

如果 n_{ext} 指的是外法线方向,那么应力矢量表示为

$$\boldsymbol{\sigma}(M, \boldsymbol{n}_{\text{ext}}) = \boldsymbol{F}_{\text{ext}} \tag{1.4}$$

如图 1.3 所示,F_{ext} 的单位是 MPa,一个外法向矢量总是从物体内部指向外部。

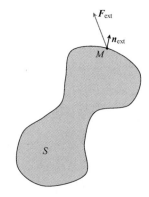

图 1.3 外力和相对应的法向矢量

因此,F_{ext} 可以看作是施加在 S 上的应力矢量,特别是当表面为自由表面时,应力矢量表示为

$$\boldsymbol{\sigma}(M, \boldsymbol{n}_{\text{ext}}) = \boldsymbol{0} \tag{1.5}$$

这个关系在结构应力边界条件变换时是很重要的。为应对这个问题的求解(第 3 章),这个关系成为验证应力场所满足一组条件的一部分。

例如:压力容器,如图 1.4 所示。

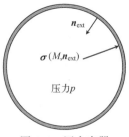

图 1.4 压力容器

对于容器内壁上的任意一点,得
$$\boldsymbol{\sigma}(M,\boldsymbol{n}_{\text{ext}}) = -p\boldsymbol{n}_{\text{ext}} \quad (1.6)$$
当外法向矢量指向圆心时,正应力和切应力分别为
$$\begin{cases} \sigma = \boldsymbol{\sigma}(M,\boldsymbol{n}_{\text{ext}}) \cdot \boldsymbol{n}_{\text{ext}} = -p \\ \tau = \boldsymbol{\sigma}(M,\boldsymbol{n}_{\text{ext}}) \cdot \boldsymbol{t} = 0 \end{cases} \quad (1.7)$$

当正应力为负、切应力为 0 时,材料处于纯压缩状态。式(1.7)中的第一个关系表明,压力的物理概念仅仅是一种法向的压应力,因此在压力前面有一个负号。

1.2.2 内力的斜矩

如图 1.5 所示,在截面 S 重心 G 处,E_2 对 E_1 的内力的作用表示为
$$\{T_{2/1}^{\text{coh}}\}_G = \begin{Bmatrix} \boldsymbol{R}_{2/1} \\ \boldsymbol{M}_{2/1}(G) \end{Bmatrix} \quad (1.8)$$

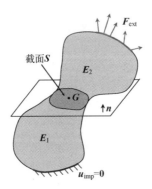

图 1.5 截面内力表示

乍一看,斜矩的概念似乎很原始,但可以简单地将力与力矩结合起来。如果对斜矩的概念感到困扰,可以用更直白的语言来取代它,即力和力矩。然而,不要忘记,当讨论固体两个部分之间的内力时,需要记住,有一个力(单位 N)和一个力矩(单位 N·mm)。模糊性来自于"力"这个词,它用于表示一种力(在这个词的日常意义上),作为一个整体,是力+力矩。

现在把这组内力与前面讨论过的应力矢量联系起来,所以有
$$d\boldsymbol{F}_{2/1}(M) = \boldsymbol{\sigma}(M,\boldsymbol{n})dS \quad (1.9)$$
因此,有

$$\begin{cases} \boldsymbol{R}_{2/1} = \sum_{M \in S} \mathrm{d}\boldsymbol{F}_{2/1}(M) = \iint_S \boldsymbol{\sigma}(M,\boldsymbol{n}) \cdot \mathrm{d}S \\ \boldsymbol{M}_{2/1}(G) = \sum_{M \in S} \mathrm{d}\boldsymbol{M}_{2/1}^{(M)}(G) = \sum_{M \in S} \boldsymbol{GM} \wedge \mathrm{d}\boldsymbol{F}_{2/1}(M) = \iint_S \boldsymbol{GM} \wedge \boldsymbol{\sigma}(M,\boldsymbol{n}) \cdot \mathrm{d}S \end{cases}$$

(1.10)

这些关系有点(或非常)复杂,但在物理上,它们只是产生了一个平移,如果把截面 S 上的所有应力矢量叠加起来,就会得到 E_2 部分对 E_1 部分的力。最后,不要忘记,当应力矢量相加时,不仅会得到一个力,而且会得到一个力矩,很显然,力矩与所计算点的位置有关。

这些关系也可以写在固体的外表面上:

$$\begin{cases} \boldsymbol{R}_{\mathrm{ext}/1} = \iint_{S_{\mathrm{ext}}} \boldsymbol{\sigma}(M,\boldsymbol{n}_{\mathrm{ext}}) \cdot \mathrm{d}S = \iint_{S_{\mathrm{ext}}} \boldsymbol{F}_{\mathrm{ext}} \cdot \mathrm{d}S \\ \boldsymbol{M}_{\mathrm{ext}/1}(G) = \iint_{S_{\mathrm{ext}}} \boldsymbol{GM} \wedge \boldsymbol{\sigma}(M,\boldsymbol{n}_{\mathrm{ext}}) \cdot \mathrm{d}S = \iint_{S_{\mathrm{ext}}} \boldsymbol{GM} \wedge \boldsymbol{F}_{\mathrm{ext}} \cdot \mathrm{d}S \end{cases}$$

(1.11)

这些关系很重要,因为在实践中,尽管知道生成的 $\boldsymbol{R}_{\mathrm{ext}/1}$ 或 $\boldsymbol{M}_{\mathrm{ext}/1}$,但一般情况下并不知道 $\boldsymbol{F}_{\mathrm{ext}/1}$。事实上,外力实际上是通过梁、板、杆、千斤顶等构件施加的,最终施加的力(或力矩)是已知的,而它们的分解方式是未知的。

例如:拉伸,如图1.6所示。

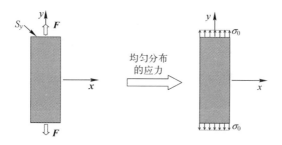

图1.6 拉伸试验

在拉伸试验中,已知作用在 S_y 上力的合力等于 $\boldsymbol{F}$:

$$\begin{cases} \iint_{S_y} \boldsymbol{\sigma}(M,\boldsymbol{y}) \cdot \mathrm{d}S = \boldsymbol{F} \\ \iint_{S_y} \boldsymbol{GM} \wedge \boldsymbol{\sigma}(M,\boldsymbol{y}) \cdot \mathrm{d}S = \boldsymbol{0} \end{cases}$$

(1.12)

然而,为了推导出:

$$\boldsymbol{\sigma}(M,\boldsymbol{y}) = \frac{\boldsymbol{F}}{S_y} = \sigma_0 \boldsymbol{y}$$

(1.13)

需要对所施加力,加上同质性假设,这个假设还有待证明。顺便提一下,可以用这个应力矢量来证明式(1.12)的两个积分式。

例如:弯曲,如图1.7所示。

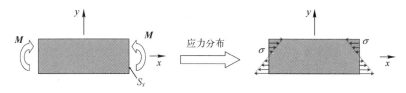

图1.7 弯曲试验

在纯弯曲试验中,已知作用在 S_x 上的力的合力矩等于 **Mz**:

$$\begin{cases} \iint_{S_x} \boldsymbol{\sigma}(M,\boldsymbol{x}) \cdot \mathrm{d}S = 0 \\ \iint_{S_x} \boldsymbol{GM} \wedge \boldsymbol{\sigma}(M,\boldsymbol{x}) \cdot \mathrm{d}S = Mz \end{cases} \tag{1.14}$$

因而,通过对 S_x 上作用力的推导,得

$$\boldsymbol{\sigma}(M,\boldsymbol{x}) = \frac{-M}{I_z} y\boldsymbol{x} \tag{1.15}$$

式(1.15)是材料力学的一个经典例子,将在做练习时再次讨论(并演示)。大家可以查阅文献[1,4,10,12,16]等,进一步详细阅读理解。

显然,转动惯量为

$$I_z = \iint_{S_x} y^2 \mathrm{d}S \tag{1.16}$$

对所施加应力,需要加上线性分布的假设,这个假设还有待验证。顺便提一下,可以用这个应力矢量证明式(1.14)的两个积分。

1.2.3 相互作用

如图1.8所示,根据作用与反作用定律,有

$$\mathrm{d}\boldsymbol{F}_{2/1} = -\mathrm{d}\boldsymbol{F}_{1/2} \tag{1.17}$$

以及

$$\begin{cases} \mathrm{d}\boldsymbol{F}_{2/1}(M) = \boldsymbol{\sigma}(M,\boldsymbol{n})\mathrm{d}S \\ \mathrm{d}\boldsymbol{F}_{1/2}(M) = \boldsymbol{\sigma}(M,-\boldsymbol{n})\mathrm{d}S \end{cases} \tag{1.18}$$

因此,有

$$\boldsymbol{\sigma}(M,\boldsymbol{n}) = -\boldsymbol{\sigma}(M,-\boldsymbol{n}) \tag{1.19}$$

这可以通过以下事实来解释:面积 dS 的细薄片物体在两种相反的力

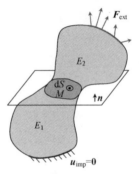

图1.8 相互作用

$\sigma(M,n)dS$ 和 $\sigma(M,-n)dS$ 的作用下处于平衡状态,它的一侧是法矢量$+n$,另一侧是法矢量$-n$。很明显,它处于平衡状态。

1.2.4 柯西互等定理

如图1.9所示,为了使演示过程更简单,考虑二维($2D$)平面形式。

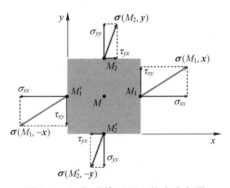

图1.9 正方形单元面上的应力矢量

假设一个无限小的正方形,因此可以假定立方体单元中应力处处都是恒定的,因此有

$$\begin{cases} \sigma(M_1,x) = \sigma(M,x) = \sigma_{xx}x + \tau_{xy}y \\ \sigma(M_2,y) = \sigma(M,y) = \sigma_{yy}y + \tau_{yx}x \\ \sigma(M_1',-x) = -\sigma(M,x) = -\sigma_{xx}x - \tau_{xy}y \\ \sigma(M_2',-y) = -\sigma(M,y) = -\sigma_{yy}y - \tau_{yx}x \end{cases} \quad (1.20)$$

在τ_{xy}的表示法中,第一个x表示切面的方向,即切面的法矢量,第二个指标y表示应力的指向。

正方形上的平衡方程为

$$\sum \{T_{\text{ext/cube}}^{\text{coh}}\} = \{0\} \tag{1.21}$$

应用力的平衡方程,可得

$$\boldsymbol{\sigma}(M_1, \boldsymbol{x})\,\mathrm{d}y\mathrm{d}z + \boldsymbol{\sigma}(M_2, \boldsymbol{y})\,\mathrm{d}x\mathrm{d}z + \boldsymbol{\sigma}(M_1', -\boldsymbol{x})\,\mathrm{d}y\mathrm{d}z + \boldsymbol{\sigma}(M_2', -\boldsymbol{y})\,\mathrm{d}x\mathrm{d}z = \boldsymbol{0}$$

$$\tag{1.22}$$

这是一个自动验证的方程。通过对正方形中心 M 点取矩,可得

$$\boldsymbol{MM}_1 \wedge \boldsymbol{\sigma}(M_1, \boldsymbol{x})\,\mathrm{d}y\mathrm{d}z + \boldsymbol{MM}_2 \wedge \boldsymbol{\sigma}(M_2, \boldsymbol{y})\,\mathrm{d}x\mathrm{d}z$$
$$+ \boldsymbol{MM}_1' \wedge \boldsymbol{\sigma}(M_1', -\boldsymbol{x})\,\mathrm{d}y\mathrm{d}z + \boldsymbol{MM}_2' \wedge \boldsymbol{\sigma}(M_2', -\boldsymbol{y})\,\mathrm{d}x\mathrm{d}z = \boldsymbol{0} \tag{1.23}$$

其中柯西(Cauchy)互等定理为

$$\tau_{xy} = \tau_{yx} \tag{1.24}$$

在三维(3D),可以用同样的方式表示为

$$\begin{cases} \tau_{xy} = \tau_{yx} \\ \tau_{xz} = \tau_{zx} \\ \tau_{yz} = \tau_{zy} \end{cases} \tag{1.25}$$

例如:焊接薄壁筒的扭转,如图 1.10 所示。

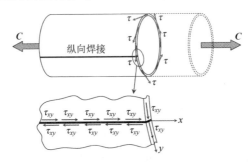

图 1.10 焊接薄壁筒的扭转

扭转力偶矩作用在由轧制和焊接板组成的薄壁筒。可以看出(见练习),沿径向的切应力是均匀的,根据柯西互等定理推导出焊接受到一个与径向切应力互等的纵向切应力 τ。剩下的问题就是设计焊接的尺寸,以使焊点能承受这个切应力。

1.3 应 力 矩 阵

1.3.1 符号表示

考虑面上有一个应力矢量和法矢量 $\boldsymbol{x}$,如图 1.11 所示。

$$\boldsymbol{\sigma}(M, \boldsymbol{x}) = \boldsymbol{\sigma} + \boldsymbol{\tau} = \sigma \boldsymbol{x} + \tau \boldsymbol{t} \tag{1.26}$$

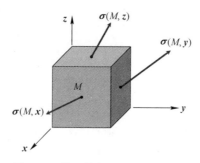

图 1.11 单元体各面上的应力矢量

而 t 可以按照 y、z 分解,则

$$\boldsymbol{\sigma}(M,\boldsymbol{x}) = \sigma_{xx}\boldsymbol{x} + \tau_{xy}\boldsymbol{y} + \tau_{xz}\boldsymbol{z} \quad (1.27)$$

同样地,在 τ_{xy} 的表示法中,第一个指标 x 表示面的方向,第二个指标 y 表示应力的方向。

类似,对于法矢量为 y 和 z 的单元体,有

$$\begin{cases} \boldsymbol{\sigma}(M,\boldsymbol{x}) = \sigma_{xx}\boldsymbol{x} + \tau_{xy}\boldsymbol{y} + \tau_{xz}\boldsymbol{z} \\ \boldsymbol{\sigma}(M,\boldsymbol{y}) = \tau_{yx}\boldsymbol{x} + \sigma_{yy}\boldsymbol{y} + \tau_{yz}\boldsymbol{z} \\ \boldsymbol{\sigma}(M,\boldsymbol{z}) = \tau_{zx}\boldsymbol{x} + \tau_{zy}\boldsymbol{y} + \sigma_{zz}\boldsymbol{z} \end{cases} \quad (1.28)$$

$\boldsymbol{\sigma}(M)$ 为 M 点的应力张量,用矩阵表示为

$$\boldsymbol{\sigma}(M) = \begin{bmatrix} \sigma_{xx} & \tau_{yx} & \tau_{zx} \\ \tau_{xy} & \sigma_{yy} & \tau_{zy} \\ \tau_{xz} & \tau_{yz} & \sigma_{zz} \end{bmatrix}_{(x,y,z)} \quad (1.29)$$

显然,这个矩阵的表达式取决于点的坐标。

而且,根据应力的互等性,应力矩阵是对称的,即

$$\boldsymbol{\sigma}(M) = \begin{bmatrix} \sigma_{xx} & \tau_{xy} & \tau_{xz} \\ \tau_{xy} & \sigma_{yy} & \tau_{yz} \\ \tau_{xz} & \tau_{yz} & \sigma_{zz} \end{bmatrix}_{(x,y,z)} \quad (1.30)$$

应力矩阵的概念本身很重要,因为假设在某一点上,在点周围的小表征单元体(REV)中,物质的内力状态完全由这个矩阵来表示。这与应力矢量不同,应力矢量只是给出了一个面上的应力。

例如:在二维中画出应力状态

一个小正方形对应一个二维应力张量,即

$$\boldsymbol{\sigma}(M) = \begin{bmatrix} \sigma_{xx} & \tau_{xy} \\ \tau_{xy} & \sigma_{yy} \end{bmatrix}_{(x,y)} \quad (1.31)$$

因此,这些面受到下列力的作用,如图 1.12 所示。

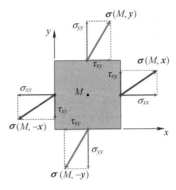

图 1.12 正方形面上的应力矢量

图 1.12 可能很简单,但对于解释应力张量却是至关重要的。

显然,注意到 $\boldsymbol{\sigma}(M,\boldsymbol{x})$ 在 $\boldsymbol{y}$ 上的投影等于 $\boldsymbol{\sigma}(M,\boldsymbol{y})$ 在 $\boldsymbol{y}$ 上的投影,这是由于应力张量具有明显的对称性。

读者可以据此画出同样的三维单元应力图。

1.3.2 应力张量的不变量

应力张量具有三个基本不变量,习惯上用静水压力来表示(图 1.13),即

$$p = \frac{1}{3}\mathrm{tr}\boldsymbol{\sigma} = \frac{\sigma_x + \sigma_y + \sigma_z}{3} \tag{1.32}$$

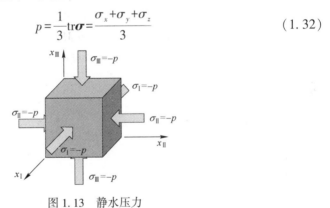

图 1.13 静水压力

之所以这样命名,是因为当对一个立方体的各个方向施加均匀压力时,可以得到应力张量,即

$$\boldsymbol{\sigma} = \begin{bmatrix} -p & 0 & 0 \\ 0 & -p & 0 \\ 0 & 0 & -p \end{bmatrix} \tag{1.33}$$

在这种情况下,静水压力的大小显然等于压力 p 的绝对值。

冯·米塞斯等效应力为

$$\sigma_{VM}=\sqrt{\frac{3}{2}\text{dev}\boldsymbol{\sigma}:\text{dev}\boldsymbol{\sigma}}=\sqrt{\frac{1}{2}((\sigma_{\text{I}}-\sigma_{\text{II}})^2+(\sigma_{\text{II}}-\sigma_{\text{III}})^2+(\sigma_{\text{III}}-\sigma_{\text{I}})^2)} \quad (1.34)$$

其中应力偏差为

$$\text{dev}\boldsymbol{\sigma}=\boldsymbol{\sigma}-\frac{1}{3}\text{tr}\boldsymbol{\sigma}\cdot\boldsymbol{I} \quad (1.35)$$

这种应力对于评估韧性材料塑性的起始状态是非常重要的(见第3章和第4章)。

行列式表示为

$$I_3=\det\boldsymbol{\sigma} \quad (1.36)$$

这些不变量对于描述断裂、屈服或损伤准则是非常重要的。假定这种类型的判据确实代表了物质的状态,一定不依赖于描述应力矩阵所用的坐标系,因此可以基于这些不变量来表示。

1.3.3 应力张量与应力矢量之间的关系

通过构造应力矩阵,得

$$\begin{cases}\boldsymbol{\sigma}(M,\boldsymbol{x})=\boldsymbol{\sigma}(M)\cdot\boldsymbol{x}\\\boldsymbol{\sigma}(M,\boldsymbol{y})=\boldsymbol{\sigma}(M)\cdot\boldsymbol{y}\\\boldsymbol{\sigma}(M,\boldsymbol{z})=\boldsymbol{\sigma}(M)\cdot\boldsymbol{z}\end{cases} \quad (1.37)$$

等号左边的 $\boldsymbol{\sigma}$ 为应力矢量,等号右边的 $\boldsymbol{\sigma}$ 为应力张量,式(1.37)与 $\boldsymbol{n}$ 无关,因此有

$$\boldsymbol{\sigma}(M,\boldsymbol{n})=\boldsymbol{\sigma}(M)\cdot\boldsymbol{n} \quad (1.38)$$

这个关系是非常重要的,因为建立了应力张量与应力矢量之间的联系。因此,本书的其余部分中经常使用这个关系。

例如:拉伸,如图1.14所示。

分析拉伸试验的应力张量。六个面上的边界条件表示为

$$\begin{cases}\boldsymbol{\sigma}(M,\boldsymbol{x})=\boldsymbol{\sigma}(M)\cdot\boldsymbol{x}=\boldsymbol{0}\\\boldsymbol{\sigma}(M,-\boldsymbol{x})=\boldsymbol{\sigma}(M)\cdot(-\boldsymbol{x})=\boldsymbol{0}\\\iint_{S_y}\boldsymbol{\sigma}(M,\boldsymbol{y})\text{d}S=\iint_{S_y}\boldsymbol{\sigma}(M)\boldsymbol{y}\text{d}S=\boldsymbol{F}=F\boldsymbol{y}\\\iint_{S_y}\boldsymbol{\sigma}(M,-\boldsymbol{y})\text{d}S=\iint_{S_y}\boldsymbol{\sigma}(M)(-\boldsymbol{y})\text{d}S=-\boldsymbol{F}\\\boldsymbol{\sigma}(M,\boldsymbol{z})=\boldsymbol{\sigma}(M)\cdot\boldsymbol{z}=\boldsymbol{0}\\\boldsymbol{\sigma}(M,-\boldsymbol{z})=\boldsymbol{\sigma}(M)\cdot(-\boldsymbol{z})=\boldsymbol{0}\end{cases} \quad (1.39)$$

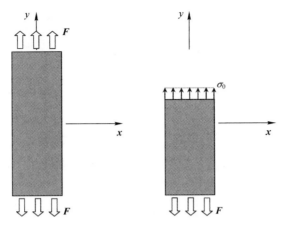

图1.14 拉伸试验

此外,假设应力是均匀分布的,则

$$\sigma(M,y) = \sigma(M) \cdot y = \frac{F}{S} = \sigma_0 y \qquad (1.40)$$

因此,经典的应力张量结果为

$$\sigma(M) = \begin{bmatrix} 0 & 0 & 0 \\ 0 & \sigma_0 & 0 \\ 0 & 0 & 0 \end{bmatrix}_{(x,y,z)} \qquad (1.41)$$

实际上,金属样品在受拉伸试验中,其断口形貌呈现45°方向。很明显,断裂的发生是在显著的塑性变形之后。然而,大家都知道,材料的塑性对切应力最敏感,而不是对正应力。因此,为了解释这种断口的形貌,可以得出结论,切应力在45°时最大。

这个练习可以在二维中完成,也可以在三维中完成,因为过程是完全类似的:

$$\sigma(M) = \begin{bmatrix} 0 & 0 \\ 0 & \sigma_0 \end{bmatrix}_{(x,y)} \qquad (1.42)$$

对于具有法向 n 的面,如图1.15所示,其应力表示为

$$\sigma(M,n) = \sigma(M) \cdot n = \sigma_0 \sin(\theta) \cdot y = \sigma_{nn}n + \tau_{nt}t \qquad (1.43)$$

该面的正应力和切应力分别表示为

$$\begin{cases} \sigma_{nn} = \sigma_0 \sin^2\theta \\ \tau_{nt} = \sigma_0 \sin\theta\cos\theta \end{cases} \qquad (1.44)$$

由此可见,切应力 τ 在45°方向为最大。

使用三角形物块的平衡计算:

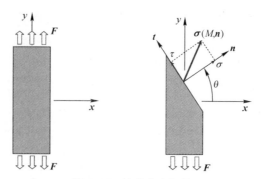

图 1.15　拉伸应力矢量

知道应力张量是建立在表征单元体 REV 平衡的基础上的,可以通过物块三角形的平衡再次得到前面的结果,如图 1.16 所示。

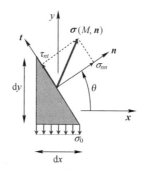

图 1.16　三角形物块的平衡

列出 **x** 方向的平衡:

$$\sigma_{nn}\frac{\mathrm{d}x}{\sin\theta}\cos\theta - \tau_{nt}\frac{\mathrm{d}x}{\sin\theta}\sin\theta = 0 \tag{1.45}$$

同理列出 **y** 方向平衡:

$$-\sigma_0 \mathrm{d}x + \sigma_{nn}\frac{\mathrm{d}x}{\sin\theta}\sin\theta + \tau_{nt}\frac{\mathrm{d}x}{\sin\theta}\cos\theta = 0 \tag{1.46}$$

因而,有

$$\begin{cases} \sigma_{nn} = \sigma_0 \sin^2\theta \\ \tau_{nt} = \sigma_0 \sin\theta\cos\theta \end{cases} \tag{1.47}$$

显然又得到了先前的结果。

1.3.4　主应力和主方向

对于三维应力张量,用矩阵表示为

$$\boldsymbol{\sigma}(M) = \begin{bmatrix} \sigma_{xx} & \tau_{xy} & \tau_{xz} \\ \tau_{xy} & \sigma_{yy} & \tau_{yz} \\ \tau_{xz} & \tau_{yz} & \sigma_{zz} \end{bmatrix}_{(x,y,z)} \tag{1.48}$$

显然,这个应力张量可以用另一个坐标系 $(\boldsymbol{x}_1, \boldsymbol{y}_1, \boldsymbol{z}_1)$ 来表示确定:

$$\boldsymbol{\sigma}(M)_{B_1} = \boldsymbol{P}^t \cdot \boldsymbol{\sigma}(M)_B \cdot \boldsymbol{P} \tag{1.49}$$

张量 $\boldsymbol{P}$ 为物理量从 B 坐标系到 B_1 坐标系的旋转矩阵,或表示 B_1 中的坐标用 B 中坐标来表示。

例如:拉伸。

应用这种变换关系,可以很清楚地确定拉伸张量的正应力和切应力:

$$\boldsymbol{\sigma}(M) = \begin{bmatrix} 0 & 0 & 0 \\ 0 & \sigma_0 & 0 \\ 0 & 0 & 0 \end{bmatrix}_{(x_1,y_1,z_1)} = \begin{bmatrix} (\sin^2\theta)\cdot\sigma_0 & (\cos\theta)\cdot(\sin\theta)\cdot\sigma_0 & 0 \\ (\cos\theta)\cdot(\sin\theta)\cdot\sigma_0 & (\cos^2\theta)\cdot\sigma_0 & 0 \\ 0 & 0 & 0 \end{bmatrix}_{(n,t,z)} \tag{1.50}$$

且

$$\boldsymbol{P} = \begin{bmatrix} \cos\theta & -\sin\theta & 0 \\ \sin\theta & \cos\theta & 0 \\ 0 & 0 & 1 \end{bmatrix}_{(x,y,z)} \tag{1.51}$$

在基坐标 B_1 所表示的应力张量中,可以识别出 σ_{nn} 和 σ_{nt} 的表达式。

定理:有一个直角的标准正交坐标系 $(\boldsymbol{x}_\mathrm{I}, \boldsymbol{x}_\mathrm{II}, \boldsymbol{x}_\mathrm{III})$,其中应力张量是对角化的,即

$$\boldsymbol{\sigma}(M) = \begin{bmatrix} \sigma_\mathrm{I} & 0 & 0 \\ 0 & \sigma_\mathrm{II} & 0 \\ 0 & 0 & \sigma_\mathrm{III} \end{bmatrix}_{(x_\mathrm{I},x_\mathrm{II},x_\mathrm{III})} \tag{1.52}$$

$\sigma_\mathrm{I}, \sigma_\mathrm{II}, \sigma_\mathrm{III}$ 称为主应力,而 $\boldsymbol{x}_\mathrm{I}, \boldsymbol{x}_\mathrm{II}, \boldsymbol{x}_\mathrm{III}$ 分别是与 $\boldsymbol{\sigma}_\mathrm{I}, \boldsymbol{\sigma}_\mathrm{II}, \boldsymbol{\sigma}_\mathrm{III}$ 相对应的主方向(数学上称之为本征矢量)。

显然有

$$\begin{cases} \boldsymbol{\sigma}(M,\boldsymbol{x}_\mathrm{I}) = \boldsymbol{\sigma}(M)\cdot\boldsymbol{x}_\mathrm{I} = \sigma_\mathrm{I}\cdot\boldsymbol{x}_\mathrm{I} \\ \boldsymbol{\sigma}(M,\boldsymbol{x}_\mathrm{II}) = \boldsymbol{\sigma}(M)\cdot\boldsymbol{x}_\mathrm{II} = \sigma_\mathrm{II}\cdot\boldsymbol{x}_\mathrm{II} \\ \boldsymbol{\sigma}(M,\boldsymbol{x}_\mathrm{III}) = \boldsymbol{\sigma}(M)\cdot\boldsymbol{x}_\mathrm{III} = \sigma_\mathrm{III}\cdot\boldsymbol{x}_\mathrm{III} \end{cases} \tag{1.53}$$

在实践中,要确定主应力,只需求解下列本征值问题:

$$\det(\boldsymbol{\sigma}(M) - \sigma_i \boldsymbol{I}) = 0 \tag{1.54}$$

这里可以得出三个解(在二维中得到两个解)。然后,要确定三个主方向,只要写出前面的三个关系就足够了。事实上,三个主方向是正交的,所以当找到

其中两个方向时,就可以从另外两个方向推导出第三个方向。

这可以通过图 1.17 来解释。

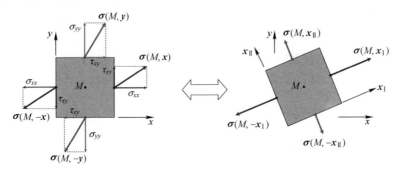

图 1.17 主应力和对应的应力矢量

图 1.17 中的物体的两个应力状态是相同的。

例如:剪切。

当应力张量为

$$\boldsymbol{\sigma}(M) = \begin{bmatrix} 0 & \tau \\ \tau & 0 \end{bmatrix}_{(x,y)} \quad (1.55)$$

因此,如图 1.18 所示,可以证明主应力分别为 $+\tau$ 和 $-\tau$,对应的主方向分别为 $+45°$ 和 $-45°$。

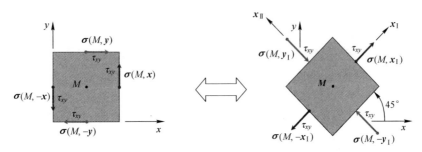

图 1.18 纯剪切应力矢量

在物理层面,这一结果是很容易理解的,因为可以很容易地用手感受到左图的作用力沿 $+45°$ 受拉,而沿 $-45°$ 受压。

1.4 平衡方程

这个练习是在二维中完成的:

$$\boldsymbol{\sigma}(M) = \begin{bmatrix} \sigma_{xx} & \tau_{xy} \\ \tau_{xy} & \sigma_{yy} \end{bmatrix}_{(x,y)} \quad (1.56)$$

现在用一个小正方形来研究其上的应力矢量,如图 1.19 所示。

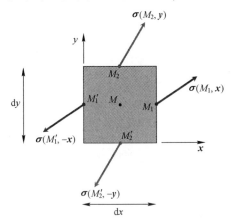

图 1.19 正方形面上的应力矢量

这个正方形受到下列应力矢量的作用:

$$\begin{cases} \boldsymbol{\sigma}(M_1,\boldsymbol{x}) = \boldsymbol{\sigma}(M_1)\boldsymbol{x} = \left(\boldsymbol{\sigma}(M) + \dfrac{\partial \boldsymbol{\sigma}(M)}{\partial x}\dfrac{\mathrm{d}x}{2}\right)\boldsymbol{x} \\ \boldsymbol{\sigma}(M_1',-\boldsymbol{x}) = \boldsymbol{\sigma}(M_1')(-\boldsymbol{x}) = \left(\boldsymbol{\sigma}(M) - \dfrac{\partial \boldsymbol{\sigma}(M)}{\partial x}\dfrac{\mathrm{d}x}{2}\right)(-\boldsymbol{x}) \\ \boldsymbol{\sigma}(M_2,\boldsymbol{y}) = \boldsymbol{\sigma}(M_2)\boldsymbol{y} = \left(\boldsymbol{\sigma}(M) + \dfrac{\partial \boldsymbol{\sigma}(M)}{\partial y}\dfrac{\mathrm{d}y}{2}\right)\boldsymbol{y} \\ \boldsymbol{\sigma}(M_2',-\boldsymbol{y}) = \boldsymbol{\sigma}(M_2')(-\boldsymbol{y}) = \left(\boldsymbol{\sigma}(M) - \dfrac{\partial \boldsymbol{\sigma}(M)}{\partial y}\dfrac{\mathrm{d}y}{2}\right)(-\boldsymbol{y}) \end{cases} \quad (1.57)$$

假设立方体受到体积力 f_V,则力的平衡方程为

$$\boldsymbol{\sigma}(M_1,\boldsymbol{x})\mathrm{d}y\mathrm{d}z + \boldsymbol{\sigma}(M_1',-\boldsymbol{x})\mathrm{d}y\mathrm{d}z + \boldsymbol{\sigma}(M_2,\boldsymbol{y})\mathrm{d}x\mathrm{d}z \\ + \boldsymbol{\sigma}(M_2',-\boldsymbol{y})\mathrm{d}x\mathrm{d}z + \boldsymbol{f}_V \mathrm{d}x\mathrm{d}y\mathrm{d}z = \boldsymbol{0} \quad (1.58)$$

因此,有

$$\begin{cases} \dfrac{\partial \sigma_{xx}}{\partial x} + \dfrac{\partial \tau_{xy}}{\partial y} + f_{Vx} = 0 \\ \dfrac{\partial \tau_{xy}}{\partial x} + \dfrac{\partial \sigma_{yy}}{\partial y} + f_{Vy} = 0 \end{cases} \quad (1.59)$$

式(1.59)为该单元体的平衡方程。

在三维中使用同样的方法,可得

$$\begin{cases} \dfrac{\partial \sigma_{xx}}{\partial x}+\dfrac{\partial \tau_{xy}}{\partial y}+\dfrac{\partial \tau_{xz}}{\partial z}+f_{Vx}=0 \\ \dfrac{\partial \tau_{xy}}{\partial x}+\dfrac{\partial \sigma_{yy}}{\partial y}+\dfrac{\partial \tau_{yz}}{\partial z}+f_{Vy}=0 \\ \dfrac{\partial \tau_{xz}}{\partial x}+\dfrac{\partial \tau_{yz}}{\partial y}+\dfrac{\partial \sigma_{zz}}{\partial z}+f_{Vz}=0 \end{cases} \quad (1.60)$$

这个方程也可以写成

$$\mathrm{div}\boldsymbol{\sigma}+f_V=\boldsymbol{0} \quad (1.61)$$

这是一个基本方程,因为单独改变了一个固体点的平衡,所以也改变了它周围小体积的平衡。因此,必须在固体的每一点进行验证。这是验证应力场的基本方程之一(第3章),以便于问题的求解。

1.5 莫 尔 圆

莫尔圆是一种用于在二维中使用旋转矩阵的几何图形方法。可以用图像的方法简单地确定最大切应力、正应力、主应力、主方向等。由于二维应力矢量为

$$\boldsymbol{\sigma}(M)=\begin{bmatrix} \sigma_{xx} & \tau_{xy} \\ \tau_{xy} & \sigma_{yy} \end{bmatrix}_{(x,y)} \quad (1.62)$$

莫尔圆是一组点,其横坐标为正应力 σ,纵坐标为切应力 τ。正应力 σ 和切应力 τ 对应于所有可能的面。

由于 $\boldsymbol{n}$ 是平面的法矢量,则

$$P\begin{bmatrix} \sigma \\ \tau \end{bmatrix} \quad (1.63)$$

以及

$$\begin{cases} \sigma=\boldsymbol{\sigma}(P,\boldsymbol{n})\cdot\boldsymbol{n} \\ \tau=\boldsymbol{\sigma}(P,\boldsymbol{n})\cdot\boldsymbol{t} \end{cases} \quad (1.64)$$

如图 1.20 所示,图中矢量 $\boldsymbol{CP}$ 代表了法向 $\boldsymbol{n}$ 的面,当 $\boldsymbol{n}$ 变化时,点 P 描绘了一个圆心 C 位于横轴上的圆。

可以证明,单元体上从矢量 $\boldsymbol{n}$ 到矢量 $\boldsymbol{u}$,矢量 $\boldsymbol{u}$ 与矢量 $\boldsymbol{n}$ 间的夹角为 θ。然后是在莫尔圆内由 $\boldsymbol{n}$ 转向 $\boldsymbol{u}$ 为 $+2\theta$(当取向下方向为切应力坐标轴正向时,这样恰好保证了这个角等于 $+2\theta$,而不是 -2θ)。

已知应力张量为

$$\boldsymbol{\sigma}(M)=\begin{bmatrix} \sigma_{xx} & \tau_{xy} \\ \tau_{xy} & \sigma_{yy} \end{bmatrix}_{(x,y)} \quad (1.65)$$

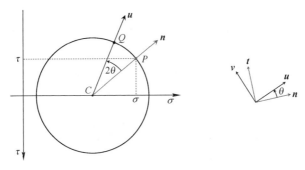

图 1.20 莫尔圆

然后可以跟踪点 $X(\sigma_{xx}, \tau_{xy})$ 和 $Y(\sigma_{yy}, -\tau_{xy})$，并跟踪中心 C 和莫尔圆。由此推断出 σ_I 和 σ_II 的主应力和对应的主方向，如图 1.21 所示。

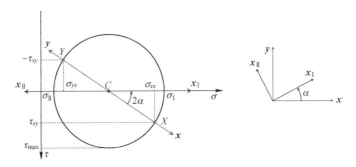

图 1.21 莫尔圆

由莫尔圆还可以推导出最大正应力为 σ_I 和 σ_II，最大切应力为

$$\tau_{\max} = \frac{|\sigma_\mathrm{I} - \sigma_\mathrm{II}|}{2} \tag{1.66}$$

这种关系还可以在三维中推广：

$$\tau_{\max} = \max\left(\frac{|\sigma_\mathrm{I} - \sigma_\mathrm{II}|}{2}; \frac{|\sigma_\mathrm{II} - \sigma_\mathrm{III}|}{2}; \frac{|\sigma_\mathrm{III} - \sigma_\mathrm{I}|}{2}\right) \tag{1.67}$$

还可以在二维中呈现：

$$\tau_{\max} = \sqrt{\left(\frac{\sigma_{xx} - \sigma_{yy}}{2}\right)^2 + \tau_{xy}^2} \tag{1.68}$$

$$\sigma_{\max} = \max\left(\frac{\sigma_{xx} + \sigma_{yy}}{2} + \sqrt{\left(\frac{\sigma_{xx} - \sigma_{yy}}{2}\right)^2 + \tau_{xy}^2}; \frac{\sigma_{xx} + \sigma_{yy}}{2} - \sqrt{\left(\frac{\sigma_{xx} - \sigma_{yy}}{2}\right)^2 + \tau_{xy}^2}\right) \tag{1.69}$$

例如:拉伸,如图 1.22 所示。

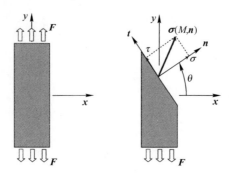

图 1.22 拉伸中法矢量 *n* 面上的应力矢量

拉伸时的应力张量为

$$\boldsymbol{\sigma}(M) = \begin{bmatrix} 0 & 0 \\ 0 & \sigma_0 \end{bmatrix}_{(x,y)} \quad (1.70)$$

莫尔圆可以这样画出来,如图 1.23 所示。

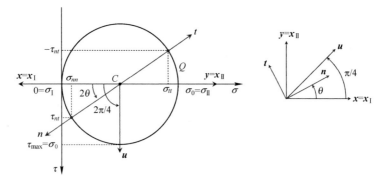

图 1.23 拉伸中的莫尔圆

进而,得

$$\begin{cases} \sigma = \sigma_{nn} = \dfrac{\sigma_0}{2} - \dfrac{\sigma_0}{2}\cos2\theta = \sigma_0\sin^2\theta \\ \tau = \tau_{nt} = \dfrac{\sigma_0}{2}\sin2\theta = \sigma_0\sin\theta\cos\theta \end{cases} \quad (1.71)$$

45°时的切应力最大,其值等于 σ_0。

第 2 章 应 变

2.1 应变的概念

2.1.1 位移矢量

设 S 为固体,如图 2.1 所示,$M(x,y,z)$ 是 S 中的一点。在外力作用下,S 变成 S',M 变成 M'。MM' 称为点 M 的位移矢量,记为 $u(M)$,因此矢量 MM' 可表示为

$$u(M) = MM' = \begin{cases} u(x,y,z) \\ v(x,y,z) \\ w(x,y,z) \end{cases} \tag{2.1}$$

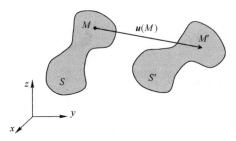

图 2.1 固体的位移场

2.1.2 单位应变

现在考虑 S 上两个点 M 和 N,受力作用后,分别移动到 M' 和 N',如图 2.2 所示,单位矢量 n 表示为

$$n = \frac{MN}{MN} \tag{2.2}$$

点 M 关于 n 的单位应变,表示为

$$\varepsilon(M,n) = \varepsilon_n(M) = \lim_{N \to M}\left(\frac{M'N'n - MN}{MN}\right) \tag{2.3}$$

显然，$\varepsilon(M,n)$ 没有单位。

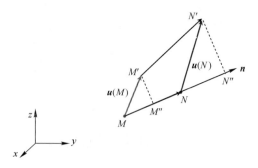

图 2.2　单位应变

应变 $\varepsilon(M,n)$ 必须保持很小，远小于 1，遵守小变形假设（SPH）。正如它的名字所示，这个假设说明了固体在 n 方向上的长度应变。特别地，如果 n 等于 x，则把这个关系放在二维中，如图 2.3 所示。

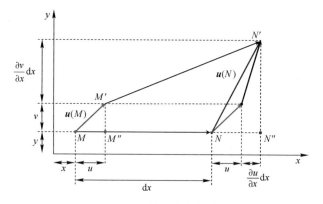

图 2.3　单位应变表示

当 $N(x+\mathrm{d}x,y)$ 接近 $M(x,y)$ 时，有

$$\boldsymbol{u}(M)=\boldsymbol{MM'}=\begin{vmatrix} u(x,y) \\ v(x,y) \end{vmatrix} \tag{2.4}$$

以及

$$\boldsymbol{u}(N)=\boldsymbol{NN'}=\begin{vmatrix} u(x+\mathrm{d}x,y) \\ v(x+\mathrm{d}x,y) \end{vmatrix}=\begin{vmatrix} u(x,y)+\dfrac{\partial u}{\partial x}(x,y)\mathrm{d}x \\ v(x,y)+\dfrac{\partial v}{\partial x}(x,y)\mathrm{d}x \end{vmatrix} \tag{2.5}$$

因此，有

$$\varepsilon(M,\pmb{x}) = \varepsilon_x(M) = \lim_{\mathrm{d}x \to 0}\left(\frac{M''N''-MN}{MN}\right) = \frac{\partial u}{\partial x}(x,y) \tag{2.6}$$

显然，在三维中，可以对点 $M(x,y,z)$ 的位移进行如下推广：

$$\pmb{u}(M) = \begin{vmatrix} u(x,y,z) \\ v(x,y,z) \\ w(x,y,z) \end{vmatrix} \tag{2.7}$$

根据 x、y 和 z 方向将应变定义为

$$\begin{cases} \varepsilon(M,\pmb{x}) = \varepsilon_x(M) = \dfrac{\partial u}{\partial x}(x,y,z) \\[4pt] \varepsilon(M,\pmb{y}) = \varepsilon_y(M) = \dfrac{\partial v}{\partial y}(x,y,z) \\[4pt] \varepsilon(M,\pmb{z}) = \varepsilon_z(M) = \dfrac{\partial w}{\partial z}(x,y,z) \end{cases} \tag{2.8}$$

因此，ε_x、ε_y、ε_z 分别是在 x、y 和 z 方向固体上点的线应变。

2.1.3 角应变

由图 2.3 定义，M 是一个点，M_1 和 M_2 是靠近 M 的两个点，分别移位到 M'、M_1' 和 M_2'。角应变如图 2.4 所示。

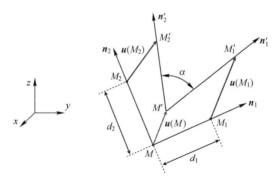

图 2.4 角应变

两个单位矢量定义为

$$\begin{cases} \pmb{n}_1 = \dfrac{\pmb{MM}_1}{MM_1} \\[6pt] \pmb{n}_2 = \dfrac{\pmb{MM}_2}{MM_2} \end{cases} \tag{2.9}$$

根据 n_1 和 n_2，点 M 处的角应变为

$$\gamma(M,n_1,n_2)=\gamma_{n_1n_2}(M)=\lim_{\substack{d_1\to 0\\d_2\to 0}}\left(\frac{\pi}{2}-\alpha\right) \quad (2.10)$$

显然，$\gamma(M,n_1,n_2)$ 没有单位。应变 $\gamma(M,n_1,n_2)$ 也必须始终保持很小，以便服从小变形假设。

表明物体角度的变化，称为剪切，这个角度初值是 90°直角 (n_1,n_2)。

总之，变形越大，直角变形后的角度就越小 (不是直角了)。

特别地，如果 $n_1=x,n_2=y$，为了便于表示，将其置于二维中，如图 2.5 所示。

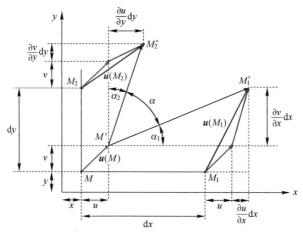

图 2.5 角应变公式表示

当 $M_1(x+\mathrm{d}x,y)$ 和 $M_2(x,y+\mathrm{d}y)$ 接近 $M(x,y)$ 时，有

$$u(M)=\mathbf{MM'}=\begin{cases}u(x,y)\\v(x,y)\end{cases} \quad (2.11)$$

且

$$\begin{cases}u(M_1)=\mathbf{M_1M_1'}=\begin{cases}u(x+\mathrm{d}x,y)\\v(x+\mathrm{d}x,y)\end{cases}=\begin{cases}u(x,y)+\dfrac{\partial u}{\partial x}(x,y)\mathrm{d}x\\v(x,y)+\dfrac{\partial v}{\partial x}(x,y)\mathrm{d}x\end{cases}\\[2em]u(M_2)=\mathbf{M_2M_2'}=\begin{cases}u(x,y+\mathrm{d}y)\\v(x,y+\mathrm{d}y)\end{cases}=\begin{cases}u(x,y)+\dfrac{\partial u}{\partial y}(x,y)\mathrm{d}y\\v(x,y)+\dfrac{\partial v}{\partial y}(x,y)\mathrm{d}y\end{cases}\end{cases} \quad (2.12)$$

则

$$\alpha = (\boldsymbol{M}_1\boldsymbol{M}_1'; \boldsymbol{M}_2\boldsymbol{M}_2') = \frac{\pi}{2} - \alpha_1 - \alpha_2 \qquad (2.13)$$

其中

$$\begin{cases} \alpha_1 = \dfrac{\dfrac{\partial v}{\partial x}\mathrm{d}x}{\mathrm{d}x + \dfrac{\partial u}{\partial x}\mathrm{d}x} \approx \dfrac{\partial v}{\partial x} \\ \alpha_2 = \dfrac{\dfrac{\partial u}{\partial y}\mathrm{d}y}{\mathrm{d}y + \dfrac{\partial u}{\partial y}\mathrm{d}y} \approx \dfrac{\partial u}{\partial y} \end{cases} \qquad (2.14)$$

且

$$\gamma(M, \boldsymbol{x}, \boldsymbol{y}) = \gamma_{xy}(M) = \frac{\partial u}{\partial y} + \frac{\partial v}{\partial x} \qquad (2.15)$$

显然,可以将点 $M(x, y, z)$ 的位移矢量推广到三维中,表示为

$$\boldsymbol{u}(M) = \begin{cases} u(x, y, z) \\ v(x, y, z) \\ w(x, y, z) \end{cases} \qquad (2.16)$$

因此,角应变定义为

$$\begin{cases} \gamma_{xy}(M) = \gamma_{yx}(M) = \dfrac{\partial u}{\partial y} + \dfrac{\partial v}{\partial x} \\ \gamma_{yz}(M) = \gamma_{zy}(M) = \dfrac{\partial v}{\partial z} + \dfrac{\partial w}{\partial y} \\ \gamma_{xz}(M) = \gamma_{zx}(M) = \dfrac{\partial w}{\partial x} + \dfrac{\partial u}{\partial z} \end{cases} \qquad (2.17)$$

因此 i 和 j 从 1~3 变化,i 与 j 不同,显然有

$$\gamma_{ij} = \gamma_{ji} \qquad (2.18)$$

γ_{xy}、γ_{yz} 和 γ_{xz} 解释为物体中初始为直角的角度改变量,分别为点在 (x, y)、(y, z) 和 (z, x) 面上的角应变。

2.2 应变矩阵

2.2.1 应变矩阵的定义

下面的矩阵称为应变矩阵,即

$$\boldsymbol{\varepsilon}(M) = \begin{bmatrix} \varepsilon_x & \varepsilon_{xy} & \varepsilon_{xz} \\ \varepsilon_{xy} & \varepsilon_y & \varepsilon_{yz} \\ \varepsilon_{xz} & \varepsilon_{xz} & \varepsilon_z \end{bmatrix}_{(x,y,z)} \tag{2.19}$$

又(这里要小心)

$$\begin{cases} \varepsilon_{xy}(M) = \dfrac{\gamma_{xy}(M)}{2} \\ \varepsilon_{yz}(M) = \dfrac{\gamma_{yz}(M)}{2} \\ \varepsilon_{xz}(M) = \dfrac{\gamma_{xz}(M)}{2} \end{cases} \tag{2.20}$$

因此,这个矩阵显然是对称的。

基于位移场,由前面的关系式定义:

$$\begin{cases} \varepsilon_x = \dfrac{\partial u}{\partial x} \\ \varepsilon_y = \dfrac{\partial v}{\partial y} \\ \varepsilon_z = \dfrac{\partial w}{\partial z} \\ 2\varepsilon_{xy} = \gamma_{xy} = \dfrac{\partial u}{\partial y} + \dfrac{\partial v}{\partial x} \\ 2\varepsilon_{yz} = \gamma_{yz} = \dfrac{\partial v}{\partial z} + \dfrac{\partial w}{\partial y} \\ 2\varepsilon_{xz} = \gamma_{xz} = \dfrac{\partial w}{\partial x} + \dfrac{\partial u}{\partial z} \end{cases} \tag{2.21}$$

或者,用张量形式表示为

$$\boldsymbol{\varepsilon} = \frac{1}{2}(\operatorname{grad} u + \operatorname{grad}^t u) \tag{2.22}$$

当然使用张量形式的好处是,对不同坐标系(笛卡儿坐标系、圆柱坐标系或球面坐标系)都是成立的,而之前的形式只在笛卡儿坐标系中成立。尽管如此,坐标系下关于位移梯度问题仍有待确定。

示例:绘制二维应变。

一个小正方形受应变张量的影响:

$$\boldsymbol{\varepsilon}(M) = \begin{bmatrix} \varepsilon_x & \varepsilon_{xy} \\ \varepsilon_{xy} & \varepsilon_y \end{bmatrix}_{(x,y)} \tag{2.23}$$

拉伸方式如图 2.6 所示。

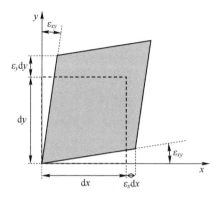

图 2.6 正方形应变

这幅图可能是最简单的也是最基本的,但对解释应变张量是必要的,而且只对小变形假设有效。

最后,类似于平移和转动,给出了应变的定义。的确,不同于刚体位移场,两个位移场产生相同的应变。因此,可以用图 2.7 的形式来表示这个应变。

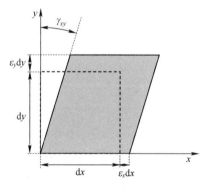

图 2.7 正方形应变

应变张量能够完全描述物体点的应变状态。特别地,能够很容易地找到任何方向的线应变,或两个正交矢量的角应变。

事实上,可以看出:

$$\begin{cases} \varepsilon(M,\boldsymbol{x}) = \varepsilon_x(M) = \boldsymbol{x}^t\boldsymbol{\varepsilon}(M)\boldsymbol{x} \\ \varepsilon(M,\boldsymbol{y}) = \varepsilon_y(M) = \boldsymbol{y}^t\boldsymbol{\varepsilon}(M)\boldsymbol{y} \\ \varepsilon(M,\boldsymbol{z}) = \varepsilon_z(M) = \boldsymbol{z}^t\boldsymbol{\varepsilon}(M)\boldsymbol{z} \end{cases} \quad (2.24)$$

无论矢量 $\boldsymbol{n}$ 是多少,这个方向的张量值可以表示为

$$\varepsilon(M,n) = \varepsilon_n(M) = n^t \varepsilon(M) n \tag{2.25}$$

同样

$$\begin{cases} \gamma(M,x,y) = \gamma_{xy}(M) = \gamma_{yx}(M) = x^t \varepsilon(M) y \\ \gamma(M,y,z) = \gamma_{yz}(M) = \gamma_{zy}(M) = y^t \varepsilon(M) z \\ \gamma(M,z,x) = \gamma_{xz}(M) = \gamma_{zx}(M) = z^t \varepsilon(M) x \end{cases} \tag{2.26}$$

因此,无论 n 和 t 正交矢量是什么,由 n 和 t 产生的应变表示为

$$\gamma(M,n,t) = \gamma_{nt}(M) = \gamma_{tn}(M) = 2n^t \varepsilon(M) t \tag{2.27}$$

会注意到,这两种应变关系非常类似于确定法向应力和切向应力的关系:

$$\begin{cases} \varepsilon_n = \varepsilon_{nn} = n^t \varepsilon n \\ \varepsilon_{nt} = \dfrac{\gamma_{nt}}{2} = n^t \varepsilon t \end{cases} \quad \text{和} \quad \begin{cases} \sigma_n = \sigma_{nn} = n^t \sigma n \\ \tau_{nt} = \sigma_{nt} = n^t \sigma t \end{cases} \tag{2.28}$$

这四种关系对于确定任意方向(或坐标系)的应变、角应变、正应力或切应力非常实用,概况了应力张量和应变张量的应用。

注意,ε_n 和 ε_{nn} 只是表示同一事物的两种不同的符号,就像 σ_n 和 σ_{nn} 或 τ_{nt} 和 σ_{nt} 一样。

2.2.2 主应变和主方向

由于三维应变矩阵为

$$\varepsilon(M) = \begin{bmatrix} \varepsilon_x & \varepsilon_{xy} & \varepsilon_{xz} \\ \varepsilon_{xy} & \varepsilon_y & \varepsilon_{yz} \\ \varepsilon_{xz} & \varepsilon_{yz} & \varepsilon_z \end{bmatrix}_{(x,y,z)} \tag{2.29}$$

可以通过以下方法确定 (x,y,z) 中的应变矩阵:

$$\varepsilon(M)_{B_1} = P^t \varepsilon(M)_B P \tag{2.30}$$

用 P 代表从基坐标 B 到基坐标 B_1 的旋转矩阵,实现了基坐标 B 中的矢量用基坐标 B_1 中的矢量来表示。

定理:有一个直角正交坐标系 (x_I, x_{II}, x_{III}),其中应变矩阵是对角的:

$$\varepsilon(M) = \begin{bmatrix} \varepsilon_I & 0 & 0 \\ 0 & \varepsilon_{II} & 0 \\ 0 & 0 & \varepsilon_{III} \end{bmatrix}_{(x_I, x_{II}, x_{III})} \tag{2.31}$$

ε_I、ε_{II} 和 ε_{III} 称为主应变,x_I、x_{II} 和 x_{III} 称为主方向,分别与 ε_I、ε_{II} 和 ε_{III} 相关。

显然有

$$\begin{cases} \boldsymbol{\varepsilon}(M)\boldsymbol{x}_{\mathrm{I}} = \varepsilon_{\mathrm{I}}\boldsymbol{x}_{\mathrm{I}} \\ \boldsymbol{\varepsilon}(M)\boldsymbol{x}_{\mathrm{II}} = \varepsilon_{\mathrm{II}}\boldsymbol{x}_{\mathrm{II}} \\ \boldsymbol{\varepsilon}(M)\boldsymbol{x}_{\mathrm{III}} = \varepsilon_{\mathrm{III}}\boldsymbol{x}_{\mathrm{III}} \end{cases} \qquad (2.32)$$

实际上，要确定主应变，只需求解下面的本征方程：

$$\det(\boldsymbol{\varepsilon}(M) - \varepsilon_i \boldsymbol{I}) = 0 \qquad (2.33)$$

给出了三个解(对于二维问题是两个解)。然后，要确定三个主方向，只要写出前面的三个关系式就足够了。

这可以通过图 2.8 来解释。

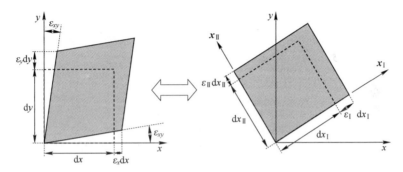

图 2.8　正方形应变和主应变

从图 2.8 中两个图可以看出，对应的应变状态是相同的。

例如：剪切。

应变张量为

$$\boldsymbol{\varepsilon}(M) = \begin{bmatrix} 0 & \gamma/2 \\ \gamma/2 & 0 \end{bmatrix}_{(x,y)} \qquad (2.34)$$

由此可知，主应变为 $+\gamma/2$ 和 $-\gamma/2$，主应变方向为 $+45°$ 和 $-45°$，如图 2.9 所示。

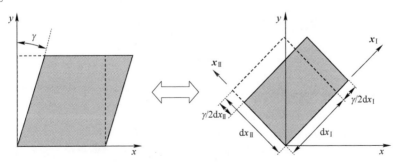

图 2.9　正方形应变和纯剪切的主应变

这个结果在物理层面上很容易理解,因为可以很容易地用手去感受到施加在左图上的力以+45°的受拉和-45°的压缩。

这个结果与切应力的结果相似。事实上,对于各向同性材料,切应力只引起角应变。

2.2.3 体积膨胀

如果计算小矩形截面在平面应变作用下面积的变化,如图 2.10 所示,可得

$$\frac{\Delta S}{S} = \frac{S'-S}{S} \approx \frac{(\mathrm{d}x+\varepsilon_x\mathrm{d}x)(\mathrm{d}y+\varepsilon_y\mathrm{d}y)-\mathrm{d}x\mathrm{d}y}{\mathrm{d}x\mathrm{d}y} \approx \varepsilon_x+\varepsilon_y \quad (2.35)$$

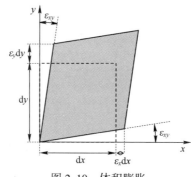

图 2.10 体积膨胀

因此,面积变化量等于二维应变张量的迹。显然,这个结果只在小变形假设范围内成立。

在三维中有类似的结果:

$$\frac{\Delta V}{V} = \mathrm{tr}\boldsymbol{\varepsilon} = \varepsilon_x+\varepsilon_y+\varepsilon_z \quad (2.36)$$

物理上,由于体积变化是相同的,不论应变矩阵是在哪个坐标系中写的,张量的迹必须是应变张量的不变量,这是很明显的情况。

2.2.4 应变张量的不变量

和应力张量一样,应变张量有三个基本不变量。

传统上,表示如下:

(1) 应变矩阵的迹不变,即

$$I_1 = \mathrm{tr}\boldsymbol{\varepsilon} = \varepsilon_x+\varepsilon_y+\varepsilon_z \quad (2.37)$$

(2) 冯·米塞斯应变为

$$\bar{\varepsilon} = \sqrt{\frac{2}{3}\mathrm{dev}\boldsymbol{\varepsilon}:\mathrm{dev}\boldsymbol{\varepsilon}} \quad (2.38)$$

式中:应变偏量为

$$\text{dev}\boldsymbol{\varepsilon} = \boldsymbol{\varepsilon} - \frac{1}{3}\text{tr}\boldsymbol{\varepsilon}\boldsymbol{I} \tag{2.39}$$

请注意:为了求得塑性和拉伸中的等效塑性应变与拉伸中的等效塑性应变相等,应力采用2/3系数代替3/2系数。

(3)矩阵行列式不变,即

$$I_3 = \det\boldsymbol{\varepsilon} \tag{2.40}$$

这些不变量远没有应力常见,因为准则一般是在应力的基础上写的。

2.2.5 相容性条件

应变场可由位移场导出:

$$\boldsymbol{\varepsilon} = \frac{1}{2}(\mathbf{grad}\,u + \mathbf{grad}^t u) \tag{2.41}$$

因此,为使应变场可积,必须满足以下条件:

$$\mathbf{grad}(\text{div}\boldsymbol{\varepsilon}) + \mathbf{grad}^t(\text{div}\boldsymbol{\varepsilon}) - \Delta\boldsymbol{\varepsilon} - \mathbf{grad}(\mathbf{grad}(\text{tr}\boldsymbol{\varepsilon})) = \mathbf{0} \tag{2.42}$$

这个关系称为应变相容性条件,是非常重要的,如果是基于应力法求解问题(第4章),这些方程就是为了求解应变场必须满足的一些基本方程。

2.3 应变测量:应变仪

为了测量固体中的应变,需要使用应变仪,它是粘在固体表面的电阻,如图2.11所示。如果固体有了应变,电阻就会变化,因此就可以确定材料中所对应的应变。

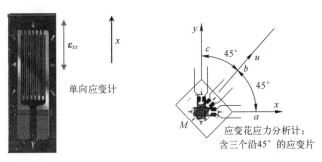

图 2.11 单向应变仪和应变花应力分析仪:三个应变片沿 45°角

应变片的尺寸从 1mm 到 100mm 不等。伸展方向部分黏合螺纹刻度(网格),显示其上的电阻所发生的变化。

因此可以确定沿刻线方向上的拉力,但只局限在该点沿这个方向上。人们常使用带有三个 45°的应变片组成的应变花应力分析仪,能够确定平面上的三个应变。

由于应变片粘在试件的一个表面上,因此测量的应变只是平面应变:

$$\boldsymbol{\varepsilon}(M) = \begin{bmatrix} \varepsilon_x & \varepsilon_{xy} \\ \varepsilon_{xy} & \varepsilon_y \end{bmatrix}_{(x,y)} \tag{2.43}$$

在实际应用中,知道一个应变花应力分析仪在 45°时的应变 ε_a、ε_b 和 ε_c(图 2.11),写出应变就足够了。应变花应力分析仪在 45°时的应变 ε_a、ε_b 和 ε_c 分别等于三个应变仪所给出的应变,是应变张量沿三个应变片方向上的应变,即

$$\begin{cases} \boldsymbol{x}^t \boldsymbol{\varepsilon}(M) \boldsymbol{x} = \varepsilon_a \\ \boldsymbol{u}^t \boldsymbol{\varepsilon}(M) \boldsymbol{u} = \varepsilon_b \\ \boldsymbol{y}^t \boldsymbol{\varepsilon}(M) \boldsymbol{y} = \varepsilon_c \end{cases} \tag{2.44}$$

其中

$$\boldsymbol{u} \begin{bmatrix} 1/\sqrt{2} \\ 1/\sqrt{2} \end{bmatrix} \tag{2.45}$$

因此,有

$$\begin{cases} \varepsilon_x = \varepsilon_a \\ \varepsilon_{xy} = \varepsilon_b - \dfrac{\varepsilon_a + \varepsilon_c}{2} \\ \varepsilon_y = \varepsilon_c \end{cases} \tag{2.46}$$

该应变仪可靠,且价格低廉,目前得到广泛应用。

此外,在实践中,几乎不可能测量应力,因此人们通常基于外力来评估应力。这种评估是基于应力分布假设的,因此常常会伴随一定的误差。

因此应变计是测量结构应变的最好方法。如果人们知道了材料的应力应变本构关系规律(第 3 章),就可以根据应变来确定应力。由于用词不当,应变计也常称为应力计。

第3章 本构关系法则

3.1 几个定义

本构关系法则:联系应力和应变之间的关系。显然,取决于材料本身和外部条件(如温度、湿度等)。

均质性:一种材料在每一点上都表现出相同的力学行为特性。实际上,均质性从来没有明显地表现出完全正确、也不会表现出完全错误。例如,由于材料经历的过程不同,折叠的金属板在折叠区域会有不同的力学行为。

各向同性:一种材料在所有方向上的力学行为特性都是相同的。实际上,从来没有明显地表现出既不完全正确也不完全错误。例如,一个层合金属板在其平面和法向上有不同的力学行为,因为层合金属板在法向上的硬化(3.3节)比其他两个方向更明显。

本书中,将(几乎)局限于各向同性均质材料。

3.2 拉伸试验

这里给试样施加拉力作用,如图 3.1 所示。

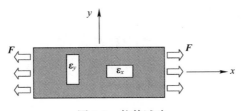

图 3.1 拉伸试验

基于力 F,可以计算拉应力:

$$\sigma_x = \frac{F}{S} \tag{3.1}$$

并用两个应变片分别测量应变 ε_x 和 ε_y。

3.2.1 脆性材料

脆性材料有玻璃、陶瓷、碳、玻璃基或碳纤维基复合材料、高弹性极限钢等。

如图 3.2 所示,试验得到一条准线性曲线,直到发生突然断裂。这种力学行为是线性弹性的。弹性就是卸载后,一切都回到了原点。事实上,可以找到一些具有非线性弹性行为的材料,如橡胶等。

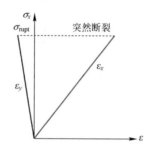

图 3.2 脆性材料的拉伸试验

因此,采用线性弹性本构法则模型:

$$\begin{cases} \sigma_x = E\varepsilon_x \\ \varepsilon_y = -\nu\varepsilon_x \end{cases} \tag{3.2}$$

式中:E 为弹性模量(MPa),例如,钢为 210GPa,玻璃为 60GPa,碳为 200GPa;ν 为泊松比(没有单位),对于"标准"材料,泊松比通常约等于 0.3。

注意,需要记住这只是一个力学本构关系行为法则模型。换句话说,观察到曲线是拟线性的,所以用了一个精炼的模型法则来表征。然而,这只是一个模型,实际的本构关系法则复杂得多。

3.2.2 韧性材料

韧性材料主要有钢、铜、铝等金属材料。

如图 3.3 所示,试验得到了一条以线性弹性开始的曲线,然后曲线的其余部分基本上是非线性的,有塑性。塑性指的是在卸载后,曲线不能回到出发点,并且在零应力下保持有永久变形。

因此,当且仅当应力保持在弹性极限以下时,可以采用线性本构关系法则。如果 $\sigma_x < \sigma_e$,则

$$\begin{cases} \sigma_x = E\varepsilon_x \\ \varepsilon_y = -\nu\varepsilon_x \end{cases}$$

如果不是,就定义一个反映塑性行为的本构关系法则。

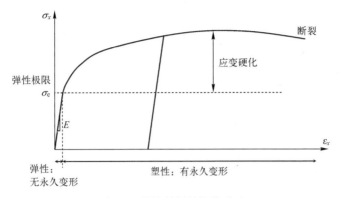

图 3.3 塑性材料的拉伸试验

3.2.3 特殊情况

当心,要牢记这些本构关系行为法则与现实相比不过是简单得多的模型,实际本构关系比这复杂得多。

即使人们不太仔细观察,也会发现某些材料的力学行为更为复杂。例如,橡胶是有弹性的,但实质上是非线性的。聚合物本质上是黏性的(固体和液体之间的一种中间体)。

3.3 剪切试验

图 3.4 所示为一个被施加剪切力的试样。

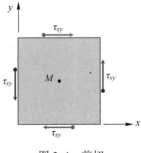

图 3.4 剪切

显然,这个问题比在材料受拉时只加一个力复杂得多。实际上,在薄壁筒上施加扭转力偶可以看出,薄壁筒内主要为切应力,并且是均匀的,如图 3.5 所示。因此,可以根据扭矩的测量来进行计算。这里切应变 $\gamma_{z\theta}$ 仍有待确定,需要用粘在薄壁外的应变片(可以证明,应变片在+45°和-45°符合要求)来确定。

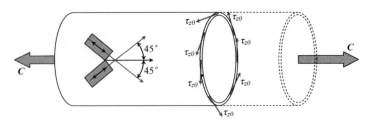

图 3.5　扭转试验

3.3.1　脆性材料

如图 3.6 所示，试验得到一条准线性曲线，直到突然破裂。这种行为是线性弹性的。因此采用线性弹性行为法则：

$$\tau = G\gamma \tag{3.3}$$

式中：G 为剪切模量（MPa）。

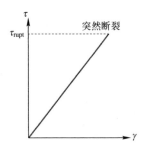

图 3.6　脆性材料剪切试验

对于各向同性线弹性材料，可以证明：

$$G = \frac{E}{2(1+\nu)} \tag{3.4}$$

3.3.2　韧性材料

如图 3.7 所示，跟前面的例子一样，得到的曲线开始是弹性的，余下的曲线则是塑性的。

因此，当且仅当应力保持在弹性极限以下时，可以采用线性本构关系行为法则：

若 $\tau < \tau_e$，$\tau = G\gamma$。

如果不是，就定义一个具有可塑性的行为法则。

试验发现，τ_e 近似等于 σ_e 的 1/2。

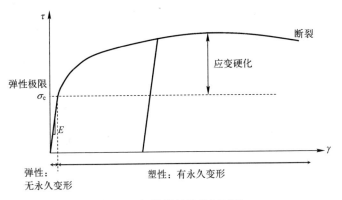

图 3.7 韧性材料的剪切试验

3.4 一 般 规 则

3.4.1 线性弹性

先从二维开始,如图 3.8 所示。这里给出一般表达式:

$$\boldsymbol{\sigma}(M) = \begin{bmatrix} \sigma_{xx} & \tau_{xy} \\ \tau_{xy} & \sigma_{yy} \end{bmatrix}_{(x,y)} \quad (3.5)$$

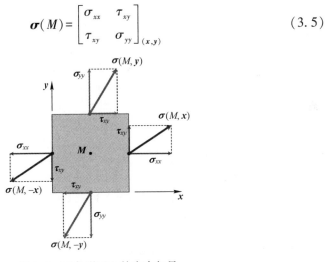

图 3.8 正方形面上的应力矢量

因此,对线性部分(在任何可能的塑性之前),采用各向同性线性弹性行为法则(用应力表示应变):

$$\begin{cases} \varepsilon_x = \dfrac{1}{E}(\sigma_x - \nu\sigma_y) \\ \varepsilon_y = \dfrac{1}{E}(\sigma_y - \nu\sigma_x) \\ \varepsilon_{xy} = \dfrac{\tau_{xy}}{2G} = \dfrac{(1+\nu)\tau_{xy}}{E} \end{cases} \quad (3.6)$$

或反过来用应变表示应力：

$$\begin{cases} \sigma_x = \dfrac{E}{1-\nu^2}(\varepsilon_x + \nu\varepsilon_y) \\ \sigma_y = \dfrac{E}{1-\nu^2}(\varepsilon_y + \nu\varepsilon_x) \\ \tau_{xy} = 2G\varepsilon_{xy} = \dfrac{E}{1+\nu}\varepsilon_{xy} \end{cases} \quad (3.7)$$

在三维情况下，有

$$\begin{cases} \varepsilon_x = \dfrac{1}{E}(\sigma_x - \nu(\sigma_y + \sigma_z)) \\ \varepsilon_y = \dfrac{1}{E}(\sigma_y - \nu(\sigma_x + \sigma_z)) \\ \varepsilon_z = \dfrac{1}{E}(\sigma_z - \nu(\sigma_x + \sigma_y)) \\ \varepsilon_{xy} = \dfrac{\tau_{xy}}{2G} = \dfrac{(1+\nu)\tau_{xy}}{E} \\ \varepsilon_{yz} = \dfrac{\tau_{yz}}{2G} = \dfrac{(1+\nu)\tau_{yz}}{E} \\ \varepsilon_{xz} = \dfrac{\tau_{xz}}{2G} = \dfrac{(1+\nu)\tau_{xz}}{E} \end{cases} \quad (3.8)$$

$$\begin{cases} \sigma_x = 2\mu\varepsilon_x + \lambda(\varepsilon_x + \varepsilon_y + \varepsilon_z) \\ \sigma_y = 2\mu\varepsilon_y + \lambda(\varepsilon_x + \varepsilon_y + \varepsilon_z) \\ \sigma_z = 2\mu\varepsilon_z + \lambda(\varepsilon_x + \varepsilon_y + \varepsilon_z) \\ \tau_{xy} = 2G\varepsilon_{xy} = \dfrac{E}{1+\nu}\varepsilon_{xy} \\ \tau_{yz} = 2G\varepsilon_{yz} = \dfrac{E}{1+\nu}\varepsilon_{yz} \\ \tau_{xz} = 2G\varepsilon_{xz} = \dfrac{E}{1+\nu}\varepsilon_{xz} \end{cases} \quad (3.9)$$

拉梅参数 λ 和 μ 表示为

$$\begin{cases} \lambda = \dfrac{E\mu}{(1+\nu)(1-2\nu)} \\ \mu = \dfrac{E}{2(1+\nu)} = G \end{cases} \quad (3.10)$$

或者,写成更简洁的张量形式:

$$\boldsymbol{\sigma} = 2\mu\boldsymbol{\varepsilon} + \lambda \cdot \text{tr}(\boldsymbol{\varepsilon}) \cdot \boldsymbol{I} \quad (3.11)$$

这种关系是本构关系法则的基础,因为它阐明了应力和应变之间的变换关系(换句话说,这可以确定材料是不是刚性)。这个关系法则也是该问题的解所必须满足的应力/应变场的基本方程之一(第4章)。

如果把这个关系法则反过来,就会看到

$$\boldsymbol{\varepsilon} = \dfrac{1+\nu}{E}\boldsymbol{\sigma} - \dfrac{\nu}{E}\text{tr}(\boldsymbol{\sigma}) \cdot \boldsymbol{I} \quad (3.12)$$

通过一些计算,可以确定二者的关系,然后确定拉梅参数。

例如:拉伸条件下的体积变化。

可以看出,拉伸时:

$$\boldsymbol{\sigma} = \begin{bmatrix} \sigma_0 & 0 & 0 \\ 0 & 0 & 0 \\ 0 & 0 & 0 \end{bmatrix}_{(x,y,z)} \quad (3.13)$$

因此,有

$$\boldsymbol{\varepsilon} = \begin{bmatrix} \dfrac{\sigma_0}{E} & 0 & 0 \\ 0 & \dfrac{-\nu\sigma_0}{E} & 0 \\ 0 & 0 & \dfrac{-\nu\sigma_0}{E} \end{bmatrix}_{(x,y,z)} \quad (3.14)$$

因此,体积变化率为

$$\dfrac{\Delta V}{V} = \text{tr}\boldsymbol{\varepsilon} = \dfrac{(1-2\nu)\sigma_0}{E} \quad (3.15)$$

一般来说,因为 ν 大致等于0.3,观察到在拉伸测试中体积增加。

例如:自由外表面。

在外表面上,有一个法向的 z 轴,没有应力,表示为

$$\boldsymbol{\sigma}(M, \boldsymbol{n}_{\text{ext}}) = \boldsymbol{\sigma}(M, z) = \boldsymbol{\sigma}(M)z = \boldsymbol{0} \quad (3.16)$$

因此，应力张量的形式为

$$\boldsymbol{\sigma} = \begin{bmatrix} \sigma_{xx} & \tau_{xy} & 0 \\ \tau_{xy} & \sigma_{yy} & 0 \\ 0 & 0 & 0 \end{bmatrix}_{(x,y,z)} \tag{3.17}$$

这称为平面应力状态。简单地说，在面外没有施加在这个外表面上的应力矢量。

然而，可以证明，对于各向同性线性弹性材料，应变可以表示为

$$\boldsymbol{\varepsilon} = \begin{bmatrix} \varepsilon_{xx} & \varepsilon_{xy} & 0 \\ \varepsilon_{xy} & \varepsilon_{yy} & 0 \\ 0 & 0 & \varepsilon_{zz} \end{bmatrix}_{(x,y,z)} \tag{3.18}$$

又有

$$\varepsilon_{zz} = -\frac{\nu}{E}(\sigma_{xx} + \sigma_{yy}) \tag{3.19}$$

换句话说，不可能同时既是平面应力问题又是平面应变问题。

在实践中，为了简化问题，在可能的情况下，试图将它们置于平面应力或平面应变中。显然，这些只是有待验证的假设，或者是在以往试验基础上已经得到验证的假设。

例如，如果研究一个薄板，可以证明：在两个外表面应力是平面应力状态，所以依据最初的近似，对实际问题解决得也很好。在这种情况下，应变则不是平面的。

另外，如果研究的是厚板，可以证明平面应变假设将更适合于这样的问题。在这种情况下，就不再是平面应力问题了。

3.5　各向异性材料：复合材料的例子

既然所有材料不都是各向同性的，现在就来研究一种特殊的材料，这是由50%（体积）碳纤维和50%环氧树脂组成的一种复合材料，如图3.9所示。这种在航空领域中经典使用的复合材料，亦称为T300/914复合材料。该复合材料呈现的是0.1~0.2mm厚的织物形式，稍后可以将其裁剪、铺层，以获得所需的厚度。

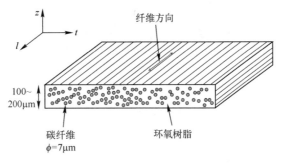

图 3.9 单向复合材料:碳/环氧树脂

3.5.1 弹性

把层压板放在二维(l,t)中,l为纵向,t为横向,如图 3.10 所示。对θ方向的纤维进行拉伸测试,很明显,会注意到弹性模量依赖于θ。

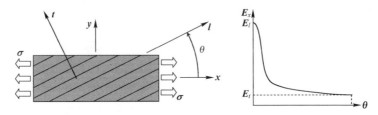

图 3.10 单向复合材料的杨氏模量随拉伸方向的变化

因此,在(l,t)坐标中,可以简单地将本构关系法则表示为

$$\begin{cases} \varepsilon_l = \dfrac{\sigma_l}{E_l} - \dfrac{\nu_{lt}\sigma_t}{E_l} \\ \varepsilon_t = \dfrac{\sigma_t}{E_t} - \dfrac{\nu_{lt}\sigma_l}{E_l} \\ \varepsilon_{lt} = \dfrac{\tau_{lt}}{2G_{lt}} \end{cases} \quad (3.20)$$

显然,这比在(x,y)坐标中的表示有点复杂。对于材料 T300/914,有

$$\begin{cases} E_l = 130\text{GPa} \\ E_t = 10\text{GPa} \\ \nu_{lt} = 0.35 \\ G_{lt} = 4.5\text{GPa} \end{cases} \quad (3.21)$$

3.6　热弹性力学

在自由应力随结构温度变化的情况下,很明显,可以观察到热膨胀现象。初级近似下,膨胀解释为与温度变化成正比的应变:

$$\boldsymbol{\varepsilon}_{th} = \alpha \Delta T \cdot \boldsymbol{I} \tag{3.22}$$

式中:α 为热膨胀系数(K^{-1})。单位张量表明应变在各个方向上都是均匀的(如果这个应变没有受到约束)。

为了在弹性中考虑由于热产生的应变,将其加到弹性应变中就足够了,即

$$\boldsymbol{\varepsilon} = \boldsymbol{\varepsilon}_e + \boldsymbol{\varepsilon}_{th} = \boldsymbol{\varepsilon}_e + \alpha \Delta T \cdot \boldsymbol{I} \tag{3.23}$$

先前的应力应变本构关系法则,用弹性应变表示,而不再用总应变表示,仍然有效,即

$$\boldsymbol{\sigma} = 2\mu\boldsymbol{\varepsilon}_e + \lambda \cdot \mathrm{tr}(\boldsymbol{\varepsilon}_e)\boldsymbol{I} = 2\mu\boldsymbol{\varepsilon} + \lambda \cdot \mathrm{tr}(\boldsymbol{\varepsilon})\boldsymbol{I} - \frac{E}{1-2\nu}\alpha \Delta T \cdot \boldsymbol{I} \tag{3.24}$$

把它反过来,应变表示为

$$\boldsymbol{\varepsilon}_e = \frac{1+\nu}{E}\boldsymbol{\sigma} - \frac{\nu}{E}\mathrm{tr}(\boldsymbol{\sigma}) \cdot \boldsymbol{I} \tag{3.25}$$

而且,有

$$\boldsymbol{\varepsilon} = \boldsymbol{\varepsilon}_e + \boldsymbol{\varepsilon}_{th} = \frac{1+\nu}{E}\boldsymbol{\sigma} - \frac{\nu}{E} \cdot \mathrm{tr}(\boldsymbol{\sigma})\boldsymbol{I} + \alpha \Delta T \cdot \boldsymbol{I} \tag{3.26}$$

例如:约束和自由扩张,如图 3.11 所示。

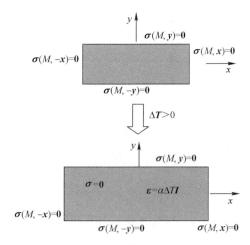

图 3.11　自由应力下的热膨胀

如果考虑一种无应力且受温度变化影响的材料,将其置于二维中。
因此,可以证明应力是均匀的且为0:

$$\boldsymbol{\sigma} = \begin{bmatrix} 0 & 0 \\ 0 & 0 \end{bmatrix}_{(x,y)} \quad (3.27)$$

结构因此受到均匀应变场的影响:

$$\begin{cases} \boldsymbol{\varepsilon} = \boldsymbol{\varepsilon}_{\text{th}} = \begin{bmatrix} \alpha\Delta T & 0 \\ 0 & \alpha\Delta T \end{bmatrix}_{(x,y)} \\ \boldsymbol{\varepsilon}_{\text{el}} = \begin{bmatrix} 0 & 0 \\ 0 & 0 \end{bmatrix}_{(x,y)} \end{cases} \quad (3.28)$$

然而,如果考虑位移是受约束的,如图 3.12 所示。

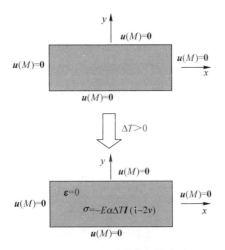

图 3.12 应变受约束的热膨胀

因此,可以证明总应变是均匀的,且为0,弹性应变和热应变将相互平衡:

$$\begin{cases} \boldsymbol{\varepsilon} = \begin{bmatrix} 0 & 0 \\ 0 & 0 \end{bmatrix}_{(x,y)} \\ \boldsymbol{\varepsilon}_{\text{th}} = \begin{bmatrix} \alpha\Delta T & 0 \\ 0 & \alpha\Delta T \end{bmatrix}_{(x,y)} \\ \boldsymbol{\varepsilon}_{\text{el}} = \begin{bmatrix} -\alpha\Delta T & 0 \\ 0 & -\alpha\Delta T \end{bmatrix}_{(x,y)} \end{cases} \quad (3.29)$$

因此,该结构受到一个均匀的双轴压缩应力场:

$$\boldsymbol{\sigma} = \begin{bmatrix} -\dfrac{E}{1-2\nu}\alpha\Delta T & 0 \\ 0 & -\dfrac{E}{1-2\nu}\alpha\Delta T \end{bmatrix}_{(x,y)}$$

感兴趣的读者可以在练习的章节中(梁的热膨胀:单向材料梁)找到这些计算的细节。

第4章 求解方法

4.1 解的评估

对可变形固体的研究包括在结构中每个点要确定下列各项：

$$\begin{cases} \boldsymbol{\sigma}(M) \\ \boldsymbol{\varepsilon}(M) \\ \boldsymbol{u}(M) \end{cases} \quad (4.1)$$

这里有 15 个未知函数。
有三种关系：
(1) 位移和应变的关系；
(2) 平衡方程；
(3) 材料的本构关系法则，即

$$\begin{cases} \boldsymbol{\varepsilon} = \dfrac{1}{2}(\mathbf{grad}\,\boldsymbol{u} + \mathbf{grad}^t\boldsymbol{u}) \\ \mathbf{div}\,\boldsymbol{\sigma} + \boldsymbol{f}_V = \mathbf{0} \\ \boldsymbol{\sigma} = 2\mu\boldsymbol{\varepsilon} + \lambda\,\mathrm{tr}(\boldsymbol{\varepsilon}) \cdot \boldsymbol{I} \end{cases} \quad (4.2)$$

这三种关系具有完全不同的性质：

第一种关系直接来源于应变张量的定义。在这种形式中，它只依据小变形假设而变化，但在其他情况下也完全可以轻松地写出来。这是一个确切的关系式。

第二种关系是原则。因此，一直都是正确的，显然也可以适用于动态。

第三种关系是模型。它取决于材质本身。这里给出了最简单的形式，线弹性、均匀且各向同性。当然，实际情况通常比这个形式复杂得多。如何制定这些本构关系法则是目前研究较多的课题，尚未得到广泛解决。

因此有 15 个标量方程。这种多重方程的问题，可以通过引入边界条件来确定积分常数进而求解。

施加的位移边界条件可表示为

$$\boldsymbol{u}(M) = \boldsymbol{u}_{\mathrm{imp}} \quad (4.3)$$

施加外力的应力边界条件为

$$\boldsymbol{\sigma}(M, \boldsymbol{n}_{\text{ext}}) = \boldsymbol{F}_{\text{ext}} \tag{4.4}$$

显然,这个问题远不是能简单求解的,能够手动求解的问题绝对是例外情况。尽管如此,很幸运,知道问题的解确实存在,而且是唯一的,所以如果设法找到这个解,那么就可以确定该解是正确的。

最后,不能忽视研究可变形固体的目标,即结构的分级和设计。一旦确定了应力、应变和位移场,就可以将分级准则应用于结构(断裂准则、非永久变形准则等),以确定当前结构是否满足规范。顺便说一下,所使用的分级准则需要有针对性,并不一定是预先给定的。

针对下面的问题开始:

(1) 如果结构不符合规范,因此形状或材料则需要修改,那么之前的计算需要用新的结构重新进行。

(2) 或者结构符合规范,也许可以建造,或者认为它能够很好地抵抗外力,可以做得更轻(航空领域)。可以修改它的形状或材质,然后用新的结构重新进行先前的计算。

显然,这是一种迭代的方法。

4.2　位　移　法

位移法包括假定位移场的一种形式。这个位移场显然需要满足位移边界条件。

然后验证该位移场是否满足平衡方程,在线性弹性、各向同性本构关系法则的例子中,可以通过借助纳维(Navier)方程,表示为

$$\mu\Delta(\boldsymbol{u}) + (\lambda+\mu)\mathbf{grad}(\text{div}\boldsymbol{u}) + f_V = 0 \tag{4.5}$$

接下来是确定应变,然后是确定应力,最后验证应力边界条件是否满足。

再次强调,由于问题的解是存在且唯一的(如果合理设置边界约束),那么如果找到一个解,它一定是正确的。现在需要考虑的就是假定一个恰当的位移场。

4.3　应　力　法

应力法包括假定应力场的一种形式。此场显然需要满足应力边界条件。

接下来是验证应力场需要满足的平衡方程:

$$\mathbf{div}\boldsymbol{\sigma} + f_V = 0 \tag{4.6}$$

然后通过应力应变本构关系法则来确定应变。因此,仍然需要对这个应力场进行积分,以确定位移。但在实践中,为了使这个应力场是可积的,必须满足兼容性方程,或者用应变表示为

$$\mathbf{grad}(\mathbf{div}\boldsymbol{\varepsilon})+\mathbf{grad}^t(\mathbf{div}\boldsymbol{\varepsilon})-\Delta\boldsymbol{\varepsilon}-\mathbf{grad}(\mathbf{grad}(\mathrm{tr}\boldsymbol{\varepsilon}))=0 \quad (4.7)$$

或者写成应力,线弹性各向同性本构关系法则的例子为

$$\Delta\boldsymbol{\sigma}+\frac{1}{1+\nu}\mathbf{grad}(\mathbf{grad}(\mathrm{tr}\boldsymbol{\sigma}))=\frac{-\nu}{1-\nu}\mathrm{div}(f_V)\boldsymbol{I}-(\mathbf{grad}^t f_V+\mathbf{grad} f_V) \quad (4.8)$$

可以看出这两个方程是等价的。

可以通过对应变场进行积分来确定位移场,因此仍然需要满足位移边界条件。

再强调一下,由于问题的解是存在且唯一的(如果合理设置边界的约束),那么如果可以找到一个解,它一定是正确的。现在需要考虑的就是如何假定一个恰当的应力场。

4.4 有限元方法

由于无法在大多数情况下以精确的方式对问题求解,不得不采取近似的方式。例如,这也就是有限元法的目标,将在接下来的章节中介绍。目前,有限元方法是最常用的一种方法,能够对几乎所有类型的结构进行分级评估。

第5章 功能原理:有限元法原理

5.1 功能原理

5.1.1 假设

假设固体 S,如图 5.1 所示。

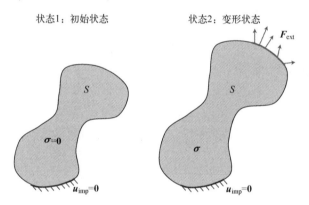

图 5.1 初始和变形状态的定义

状态 1 是初始状态(或无应力状态),即无应力;状态 2 是在外力作用下的变形状态。

做以下假设:
(1) 忽略重力(否则状态 1 将不是无应力的);
(2) 假定本构关系为线性弹性本构关系;
(3) 忽略外部热交换(热输入等)和内部热交换(无摩擦等);
(4) 外力无限缓慢地施加在 1 和 2 之间(因此没有惯性力);
(5) 位移和应变很小(小变形假设),不影响外力的方向。

5.1.2 应变能

由状态 1 到状态 2 的动能定理为

$$W_{\text{ext}}^{1\to 2}+W_{\text{int}}^{1\to 2}=\Delta E_{\text{c}}^{1\to 2}+\Delta E_{\text{p}}^{1\to 2}=0 \tag{5.1}$$

换句话说，S 在状态 1 和状态 2 之间的外力功和内力功的和为 0，等于动能的增量与状态 1 和状态 2 之间势能改变的和。总之，能量守恒。

因此，有

$$W_{\text{ext}}^{1\to 2}=-W_{\text{int}}^{1\to 2} \tag{5.2}$$

即外力的功等于存储在 S 中的能量 $-W_{\text{int}}^{1\to 2}$。这个关系等价于热力学第一定律：

$$\mathrm{d}u+\mathrm{d}q=\delta w \tag{5.3}$$

在状态 1 和状态 2 之间积分，忽略热量交换，则

$$\Delta u^{1\to 2}=W_{\text{ext}}^{1\to 2} \tag{5.4}$$

所以，再一次表明，固体从状态 1 到状态 2 的内能变化 $\Delta u^{1\to 2}$ 等于外力的功。需要特别说明的是，这个式子不依赖于以下两点：

(1) 材料的本构关系行为法则；
(2) 外力作用的方式。

特别指出，在可变形固体力学中，内能只取决于应变状态。

如果也选择 $u_1=0$，那么，有

$$W_{\text{ext}}=U_2=E_{\text{d}} \tag{5.5}$$

式中：E_{d} 为应变能(J)。

5.1.3 外力功

如图 5.2 所示，若考虑在点 $P_1,P_2,\cdots,P_n$ 处分别施加 n 个外力，位移分别为 $u_1,u_2,\cdots,u_n$，则外力的功为

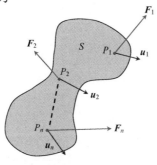

图 5.2 外力

$$W_{\text{ext}} = \sum_{i=1}^{n} W_{\text{ext}}^{i} = \sum_{i=1}^{n} \int_{1}^{2} \boldsymbol{F}_{i}(t) \cdot \mathrm{d}\boldsymbol{u}_{i}(t) \tag{5.6}$$

当然,在现实中,每个 $\boldsymbol{u}_p(t)$ 从 **0** 到 $\boldsymbol{u}_p$ 是线性连续变化,每个 $\boldsymbol{F}_i(t)$ 连续从 **0** 到 $\boldsymbol{F}_i$。这里,结构的本构关系是线性的,如图 5.3 所示。

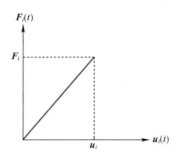

图 5.3 位移与外力的线性关系

这样:

$$\int_{1}^{2} \boldsymbol{F}_{i}(t)\,\mathrm{d}\boldsymbol{u}_{i}(t) = \frac{1}{2}\boldsymbol{F}_{i}\boldsymbol{u}_{i} \tag{5.7}$$

因此,有

$$W_{\text{ext}} = \frac{1}{2}\sum_{i=1}^{n} \boldsymbol{F}_{i}\boldsymbol{u}_{i} \tag{5.8}$$

5.1.4 应变能

类比于与外力做功,将应变能定义为

$$E_{\mathrm{d}} = \frac{1}{2}\iiint_{V} \boldsymbol{\sigma} : \boldsymbol{\varepsilon}\, \mathrm{d}V \tag{5.9}$$

其展开的形式为

$$E_{\mathrm{d}} = \frac{1}{2}\iiint_{V}(\sigma_{xx}\varepsilon_{x} + \sigma_{yy}\varepsilon_{y} + \sigma_{zz}\varepsilon_{z} + 2\tau_{xy}\varepsilon_{xy} + 2\tau_{yz}\varepsilon_{yz} + 2\tau_{xz}\varepsilon_{xz})\mathrm{d}V \tag{5.10}$$

在这个关系中,力的角色由应力取代,位移由应变取代。体积上的三重积分令人印象深刻,这里仅表示把固体内所有点都叠加起来。

例如:拉伸如图 5.4 所示。

设想一下,将其应用到拉伸的例子中。显然有

$$\boldsymbol{\sigma} = \begin{bmatrix} \sigma_x & 0 & 0 \\ 0 & 0 & 0 \\ 0 & 0 & 0 \end{bmatrix} \tag{5.11}$$

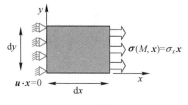

图 5.4 拉伸试验

外力功的计算如下:

在法矢量 ±y 和 ±z 的面上,外力为 0,所以功也为 0。在法矢量 x 所对应的面上,初始时,力在 x 方向上的位移是 0,所以功是 0。因此,有

$$W_{\text{ext}} = \frac{1}{2} F_x u_x \tag{5.12}$$

式中:F_x 为 x 方向上的力;u_x 为法矢量 x 的面沿 x 方向上的位移。

应变能为

$$E_d = \frac{1}{2} \sigma_x \varepsilon_x \mathrm{d}x \mathrm{d}y \mathrm{d}z \tag{5.13}$$

因此,有

$$\begin{cases} F_x = \sigma_x \mathrm{d}y \mathrm{d}z \\ u_x = \varepsilon_x \mathrm{d}x \end{cases} \tag{5.14}$$

综上所述,效果很好(外力的功一定等于应变能)。应变能的表达式也可以通过使用应力张量进行操作运算,分组逐步表示。

5.1.5 能量最小化:里兹法

对图 5.5 设定的问题进行近似求解:

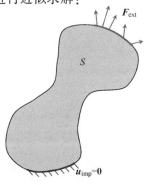

图 5.5 问题的设定

51

对 S 上每个点 M，寻找应力场、应变场和位移场。

通常，由于不可能精确地求解这个问题，采用近似方法来求解。因此，预先定义位移形式为

$$u(M) = f(M, c_1, c_2, \cdots, c_n) \tag{5.15}$$

式中：f 为一个已知的函数，依赖于参数 $c_1, c_2, \cdots, c_n$，这些参数是未知的。

因此，将求解过程简化为寻找 n 个参数，而不是寻找三个未知函数，或三个位移（三维）。显然，问题更简单了，缺点是函数 f 的形式只是预先假定的。如果这个函数选择得正确，并且有一组参数代表了问题的精确解，那么有

$$E_d = W_{\text{ext}} \tag{5.16}$$

如果精确解不是这种形式，那么二者的差为

$$E_d - W_{\text{ext}} \tag{5.17}$$

对于参数 $c_1, c_2, \cdots, c_n$ 的选择，最佳方法是最小化方法。事实上，可以证明这个差必然是正的，对于精确解是 0。

通过关系式：

$$\begin{cases} \dfrac{\partial(E_d - W_e)}{\partial c_1} = 0 \\ \cdots \\ \dfrac{\partial(E_d - W_e)}{\partial c_n} = 0 \end{cases} \tag{5.18}$$

可以确定这些参数。

因此，能量最小化能够从给定的所有函数中选择最好的函数。优点是肯定会得到一个解。而缺点是，如果所选择的函数集与精确解相距甚远，那么这个最小化过程得到的解显然不是最坏的解；该解也不能确定是最佳的解。

5.2 有限元方法

5.2.1 有限元方法的一般原理

有限元方法的原理是在简单域中对实际问题进行离散化，如图 5.6 所示。在该域上，位移场是节点（域的边）位移的简单函数（称为基函数或插值函数）。

如果有 n 个节点：

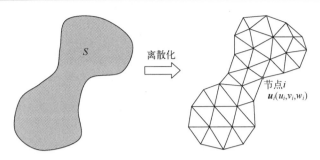

图 5.6　结构的有限元离散化

$$\boldsymbol{u}(M) = \begin{vmatrix} u(M) \\ v(M) \\ w(M) \end{vmatrix} = \begin{bmatrix} \varphi_{11} & \varphi_{12} & \varphi_{13} & \cdots & \varphi_{1(3n)} \\ \varphi_{21} & & & & \\ \varphi_{31} & & & & \varphi_{3(3n)} \end{bmatrix} \begin{bmatrix} u_1 \\ v_1 \\ w_1 \\ \vdots \\ u_n \\ v_n \\ w_n \end{bmatrix} = \boldsymbol{\varphi}(M)\boldsymbol{U} \quad (5.19)$$

式中：$\boldsymbol{\varphi}(M)$ 为基函数矩阵，依赖于点 M，是完全已知的；$\boldsymbol{U}$ 为节点的位移矢量，因此对应于 5.1 节中待确定的参数，即 $c_1, c_2, \cdots, c_n$。

为了确定应变场，从而导出位移场。基函数 $\boldsymbol{\varphi}(M)$ 可表示为

$$\boldsymbol{\varepsilon}(M) = \boldsymbol{\delta}(M)\boldsymbol{U} \tag{5.20}$$

式中：$\boldsymbol{\varepsilon}(M)$ 对应于列中的应变分量：

$$\boldsymbol{\varepsilon}(M) = \begin{bmatrix} \varepsilon_x \\ \varepsilon_y \\ \varepsilon_z \\ \gamma_{xy} \\ \gamma_{yz} \\ \gamma_{xz} \end{bmatrix} \tag{5.21}$$

注意：式中的切应变记为 γ_{xy} 而不采用线应变 ε_{xy}，可以通过应变与应力矢量的点积，来获得应变能。

这个矢量形式的应变符号在数学上显然是错误的，这只是一种简化了的字符符号。特别是，传统的矢量性质（如旋转规则）不适用于应变，而应变绝对是一个矩阵。

$\boldsymbol{\delta}(M)$ 对应于基函数 $\boldsymbol{\varphi}(M)$ 的导数矩阵；显然，由于矢量 $\boldsymbol{U}$ 是常数，它的导数

是0。然后确定应力:

$$\boldsymbol{\sigma}(M) = \boldsymbol{L}\boldsymbol{\varepsilon}(M) = \boldsymbol{L}\boldsymbol{\delta}(M)\boldsymbol{U} \tag{5.22}$$

与应变一样,应力矢量为

$$\boldsymbol{\sigma}(M) = \begin{bmatrix} \sigma_x \\ \sigma_y \\ \sigma_z \\ \tau_{xy} \\ \tau_{yz} \\ \tau_{xz} \end{bmatrix} \tag{5.23}$$

L 为刚度矩阵,即

$$\boldsymbol{L} = \begin{bmatrix} 2\mu+\lambda & \lambda & \lambda & 0 & 0 & 0 \\ \lambda & 2\mu+\lambda & \lambda & 0 & 0 & 0 \\ \lambda & \lambda & 2\mu+\lambda & 0 & 0 & 0 \\ 0 & 0 & 0 & \mu & 0 & 0 \\ 0 & 0 & 0 & 0 & \mu & 0 \\ 0 & 0 & 0 & 0 & 0 & \mu \end{bmatrix} \tag{5.24}$$

从而得到第4章所介绍的本构关系。

然后计算应变能:

$$E_d = \frac{1}{2} \iiint_V \boldsymbol{\sigma}^t(M) \boldsymbol{\varepsilon}(M) \mathrm{d}V \tag{5.25}$$

因此,有

$$E_d = \frac{1}{2} \boldsymbol{U}^t \boldsymbol{K} \boldsymbol{U} \tag{5.26}$$

式中:K 为整个结构的总刚度矩阵:

$$\boldsymbol{K} = \iiint_V \boldsymbol{\delta}^t(M) \boldsymbol{L} \boldsymbol{\delta}(M) \mathrm{d}V \tag{5.27}$$

这个矩阵显然不依赖于点 M,代表了结构的整体行为。可以证明这是一个正方形和对角矩阵,矩阵的大小取决于所选节点的数量。

外力的功仍需计算:

$$W_{\text{ext}} = \frac{1}{2} \boldsymbol{F}^t \boldsymbol{U} \tag{5.28}$$

矢量 F 是节点上施加的外力矢量,其他地方是0。

而能量的最小值满足

第5章 功能原理:有限元法原理

$$\frac{\partial(E_\mathrm{d}-W_\mathrm{e})}{\partial U}=\mathbf{0} \tag{5.29}$$

因此,有

$$\boldsymbol{KU}-\frac{1}{2}\boldsymbol{F}-\frac{1}{2}\frac{\partial \boldsymbol{F}}{\partial \boldsymbol{U}}\cdot \boldsymbol{U}=\mathbf{0} \tag{5.30}$$

又

$$\boldsymbol{KU}=\boldsymbol{F} \tag{5.31}$$

式中:U 是未知的。

$$\boldsymbol{U}=\boldsymbol{K}^{-1}\boldsymbol{F} \tag{5.32}$$

总之,用有限元方法求解,首先要对边界条件的受力和位移进行建模。事实上,在实践中,并不能准确地知道它们,而工程师的工作就是为模型的选择尽可能设置最能代表真实边界的边界条件。这个阶段是必不可少的,而且往往非常微妙。

其次在子域上初步对结构进行离散化。同样,这一方法并不简单,结果也很复杂,因为在很大程度上决定了最终结果的精确度。一般来说,节点的数量越多,求解越精确,但这并不总是正确的,这带来了计算时间的问题,计算时间随着节点数量的增加而增加。

然后选择本构关系法则,这一次,又需要做出最为合理的近似选择。

最后剩下的就是进行计算本身,其中最大的部分是结构的刚度矩阵的求逆过程。

5.2.2 三节点三角形单元的例子

如图5.7所示,在二维中,考虑一个三角形有限元,有三个节点:1、2和3。问题中有六个未知数,即三个节点位移:u_1,v_1,u_2,v_2,u_3,v_3:

$$\boldsymbol{U}=\begin{bmatrix} u_1 \\ v_1 \\ u_2 \\ v_2 \\ u_3 \\ v_3 \end{bmatrix} \tag{5.33}$$

选择一个线性位移场,并找到节点位移的值:

55

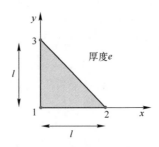

图 5.7 三角形有限元

$$u(M) = \begin{vmatrix} u(x,y) \\ v(x,y) \end{vmatrix} = \begin{vmatrix} u_1 + (u_2 - u_1)\dfrac{x}{l} + (u_3 - u_1)\dfrac{y}{l} \\ v_1 + (v_2 - v_1)\dfrac{x}{l} + (v_3 - v_1)\dfrac{y}{l} \end{vmatrix} \quad (5.34)$$

而

$$u(M) = \boldsymbol{\varphi}(M)\boldsymbol{U} = \begin{bmatrix} 1-\dfrac{x}{l}-\dfrac{y}{l} & 0 & \dfrac{x}{l} & 0 & \dfrac{y}{l} & 0 \\ 0 & 1-\dfrac{x}{l}-\dfrac{y}{l} & 0 & \dfrac{x}{l} & 0 & \dfrac{y}{l} \end{bmatrix} \begin{bmatrix} u_1 \\ v_1 \\ u_2 \\ v_2 \\ u_3 \\ v_3 \end{bmatrix} \quad (5.35)$$

然后可以确定应变场：

$$\boldsymbol{\varepsilon}(M) = \begin{bmatrix} \varepsilon_x \\ \varepsilon_y \\ \gamma_{xy} \end{bmatrix} = \begin{bmatrix} \dfrac{\partial u}{\partial x} \\ \dfrac{\partial v}{\partial y} \\ \dfrac{\partial u}{\partial y} + \dfrac{\partial v}{\partial x} \end{bmatrix} = \begin{bmatrix} \dfrac{u_2 - u_1}{l} \\ \dfrac{v_3 - v_1}{l} \\ \dfrac{u_3 - u_1 + v_2 - v_1}{l} \end{bmatrix} \quad (5.36)$$

以及

$$\boldsymbol{\varepsilon}(M) = \boldsymbol{\delta}(M)\boldsymbol{U} = \dfrac{1}{l}\begin{bmatrix} -1 & 0 & 1 & 0 & 0 & 0 \\ 0 & -1 & 0 & 0 & 0 & 1 \\ -1 & -1 & 0 & 1 & 1 & 0 \end{bmatrix} \begin{bmatrix} u_1 \\ v_1 \\ u_2 \\ v_2 \\ u_3 \\ v_3 \end{bmatrix} \quad (5.37)$$

这里矩阵 $\boldsymbol{\delta}(M)$ 是常数,显然这是一种特殊情况。

然后确定结构的应力和刚度矩阵(这里跳过几行计算过程):

$$K = \frac{Ee}{2(1-\nu^2)} \begin{bmatrix} \frac{3-\nu}{2} & \frac{\nu+1}{2} & -1 & \frac{\nu-1}{2} & \frac{\nu-1}{2} & -\nu \\ \frac{\nu+1}{2} & \frac{3-\nu}{2} & -\nu & \frac{\nu-1}{2} & \frac{\nu-1}{2} & -1 \\ -1 & -\nu & 1 & 0 & 0 & \nu \\ \frac{\nu-1}{2} & \frac{\nu-1}{2} & 0 & \frac{1-\nu}{2} & \frac{1-\nu}{2} & 0 \\ \frac{\nu-1}{2} & \frac{\nu-1}{2} & 0 & \frac{1-\nu}{2} & \frac{1-\nu}{2} & 0 \\ -\nu & -1 & \nu & 0 & 0 & 1 \end{bmatrix} \quad (5.38)$$

这是一个对称矩阵,为了求 U,需要对刚度矩阵求逆。

例如,考虑下面的问题,如图 5.8 所示。

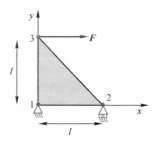

图 5.8 三角形受到力的作用

由问题给出边界条件:

$$\begin{cases} u_1 = 0 \\ v_1 = 0 \\ v_2 = 0 \end{cases} \quad (5.39)$$

顺便注意一下,这里的边界条件能够约束刚体的所有位移场,因此解是唯一的。

所以有

$$U = \begin{vmatrix} u_2 \\ u_3 \\ v_3 \end{vmatrix} \quad (5.40)$$

且

$$F = \begin{vmatrix} 0 \\ F \\ 0 \end{vmatrix} \quad (5.41)$$

然后

$$K = \frac{Ee}{2(1-\nu^2)} \begin{bmatrix} 1 & 0 & \nu \\ 0 & \frac{1-\nu}{2} & 0 \\ \nu & 0 & 1 \end{bmatrix} \quad (5.42)$$

因此,得到以下位移场:

$$U = K^{-1} F = \frac{1+\nu}{E} \begin{bmatrix} 0 \\ F \\ 0 \end{bmatrix} \quad (5.43)$$

三角形受外力的位移场如图 5.9 所示。

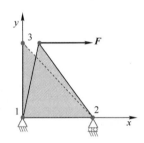

图 5.9 三角形受外力的位移场

应变矢量和应力矢量分别为

$$\boldsymbol{\varepsilon}(M) = \begin{bmatrix} \varepsilon_x \\ \varepsilon_y \\ \gamma_{xy} \end{bmatrix} = \begin{bmatrix} 0 \\ 0 \\ \dfrac{(1+\nu)F}{Eel} \end{bmatrix} \quad (5.44)$$

$$\boldsymbol{\sigma}(M) = \begin{bmatrix} \sigma_x \\ \sigma_y \\ \tau_{xy} \end{bmatrix} = \begin{bmatrix} 0 \\ 0 \\ \dfrac{2F}{el} \end{bmatrix} \quad (5.45)$$

简而言之,只有点 3 在 x 方向上发生了位移,由此得到了切应变,以及切应力。这个应力的值等于力 F 除以截面在板中间的高度($e/2$)。

如果感兴趣,可以在有限元代码(如 Catia)上重新处理这个非常简单的问题。例如,可以按照 5.3 节给出的程序指南处理。

如果现在用这种方法来求解板上的作用力问题,显然会找到一个更复杂的位移场。这是由于这里采用的离散化强加了一个线性位移场。另外,如果选择一个更精细的网格,会得到一个更接近真实的位移场,如图 5.10 所示。

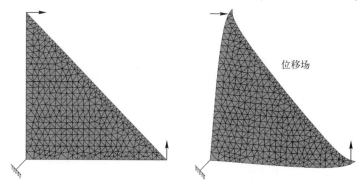

图 5.10　通过有限元计算得到的受力三角形板的位移场

并且,应力场也更加真实,如图 5.11 所示。

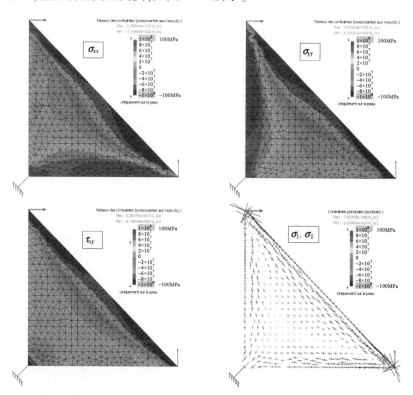

图 5.11　用有限元计算确定在三角形中受外力作用的应力场(见彩插)

小心！尽管外力和边界条件是在点上施加的，但随着网格的细化，应力将趋于无穷大。简而言之，这个结果只在远离边界条件的地方可用，这就是圣维南的原则。

从物理上讲，主应力图非常直观。在图 5.11 所示中心部分，+45°和-45°的切应力或符号相反大小等于主应力。从节点 2 到节点 3 的连线上有显著的压应力，从节点 1 到节点 2 和节点 1 到节点 3 的连线上有显著的拉应力。

综上所述，为了设计这种结构，需要在中间放置一块板以承受剪力，在三角形的三边放置横梁以承受拉压力是有益的。

5.3 应用：采用 Catia 进行三角形板有限元分析

三角形受外力作用的问题如图 5.12 所示。

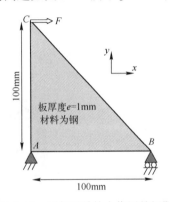

图 5.12 三角形受外力作用的问题

首先打开"零件设计"，在 (x,y) 平面上打开"草图"，然后创建三角形。进入"线框和表面设计"，对草图进行"填充"。

如果 Catia 没有自动做到这一点，隐藏（"隐藏/显示"）草图。

然后通过选择作品的"零件本体"，应用钢材料（"应用材料"）。

进入"生成结构分析"模块，选择"静态分析"。

首先使用"Octree Triangle Mesher"（隐藏在"Octree Tetrahedron Mesher"后面）应用表面网格。然后可以通过双击目录树"节点和元素"分支上的"Octree Triangle Mesh. 1"来更改网格的大小。因为只有一个元素，选择 200mm，如果想找到本书的例子，选择"线性"元素（"抛物线"元素在每条边的中心添加一个中间节点，因此可以考虑单元上的线性应力变化）。在使用 Catia 执行未来的有限元计算时，一定要使用这些（抛物线）元素。

选择"2D 属性",然后选择网格并填充厚度。默认情况下,材料是属于结构的"要素的一部分"。

在 A 点和 B 点施加位移"约束",选择 Y"用户定义的约束",除了对应于 Y 的选择之外,还可以取消所选择的设置。

然后在 C 点施加一个 1000N 的力("分布式力")。

如果尚未完成,可以通过选择"所有"选项开始计算,("计算")然后观察位移("变形")。

Catia 自动选择变形的比例因子。若要选择 1 从而获得大小适当的位移,选择"放大幅度"。要获得每个节点的位移矢量,进入"位移"(注意:Catia 会自动更改变形的比例因子。若要阻止此操作,勾选"设置为未来创建图像的默认值")。

选择"主应力"(隐藏在"位移"后面),然后双击"主应力"上的目录树。单击"更多",选择"元素中心"的位置。现在有了计算的主要应力。也可以通过双击彩色刻度和改变最大和最小来改变应力所显示的刻度。

为了观察其他应力,在"主应力"树中双击后,选择"平均 Iso",然后选择"张量分量"。单击"更多",在"分量"中,可以选择二维张量的三个分量(如果做的是三维计算,会有六个分量)。如果还没有选择全局轴系统,应确保选择正确。单击"轴系统"中的三个小点,在"类型"中选择"全局"轴系统。

可以通过更改网格重新进行同样的分析。

第6章 航空结构分级准则

6.1 引　　言

前面已经了解了如何确定结构的应力和应变(至少在最简单的情况下是这样的,而在实际情况下,还应该使用近似解法,如有限元方法),现在来研究分级准则。提醒一句(绪论),可变形固体力学的目的是研究材料的内部状态(应力的概念)和引起的形状变化(应变的概念),以确定所研究的构件或机械系统是否断裂,或者是否变形过大。简而言之,一旦知道了构件的应力和应变,就需要应用准则(通常是应力和/或应变张量满足的准则)来确定构件是否断裂。正是这些准则(或者更确切地说,一些准则,因为有成百上千的准则)将成为本章的主题。

然而,还需要牢记,这些准则并不是绝对的真理,而只是试图转化现实的模型。仔细观察时,实际情况总是更加复杂。简而言之,只要不能证明一个模型是错误的,或者更具体地说,只要所有的试验测试没有证明模型是有缺陷的,这个模型就可以视为正确的。

还需要记住,在结构的整个服役周期中,应该受到不同形式的载荷(而不仅仅是一种载荷,如在专门学业练习中遇到的),称为"载荷工况"。因此,工程师的工作是确保结构能够承受所有的荷载工况而不断裂,且/或变形也不会过大。

航空领域的情况更加复杂,因为要区分限定载荷(LL)(也称为许可载荷)和极限载荷(UL)。航空结构的准则分类确实非常复杂(太复杂了,本书无法完全涵盖),但初步评估,可以简单地概况为:结构必须在不发生任何损伤(和/或金属材料的可塑性)的情况下静态承受限定载荷并在不发生灾难性破坏的情况下承受极限载荷[7]。更准确地说,限定载荷定义为结构所加的载荷,平均一个生命服役周期中只能看到一次,或航空发生事故的概率约为 10^{-5}/飞行小时(一架飞机大约能飞 10^5 h)。至于极限载荷,定义为非常不可能的事故,或航空发生事故的概率约为 10^{-9}/飞行小时(ACJ 25-1309)。在实践中,两者之间存在一个比值 k,通常在 1.1~1.5 之间:

$$CE = k \cdot CL \tag{6.1}$$

因此,航空结构分级的原则可以概况如下:

(1) 在实际载荷小于或等于限定载荷的情况下,服役中不允许有任何损伤或永久变形。

(2) 对于极不可能出现的载荷小于或等于极限载荷情况,在该测试载荷作用下,结构必须保持完整。

所有的损伤问题都应该加入准则之中。除了要经得起限定载荷和极限载荷的考验,还要保证结构物能够承受损伤(坠物、跑道碎片的撞击、鸟类的撞击、闪电等),而不会造成灾难性的破裂,这就是损伤容限的概念(这里又超出了本书的框架)。

然而,无论结构的分级有多复杂,总是要表明结构(可能有损伤、裂缝或缺失部件)承受了这样的载荷,而没有被破坏或以夸张的方式变形。因此,分级准则适用于应力和/或应变(或能量恢复率),以证明结构能够承受载荷。显然,这些准则需要在结构的任何地方进行验证,并适用于所有荷载工况。如果不是这样,或者如果准则离许可的极限载荷太远(简而言之,结构太大,过于笨重),工程师的工作就要包括修改结构的设计。

现在,通过指定每次应用的材料类型来评估不同的分级准则。然而,在此之前,还将看到,确定适用于每种材料的分级准则是一个漫长而复杂的过程。

6.2 分级准则的试验测定

问题如下:给定应力状态是否会导致材料发生断裂或发生不可逆转的损伤或出现可塑性。因此,这是一个六维问题,就像应力张量:

$$\boldsymbol{\sigma} = \begin{bmatrix} \sigma_{xx} & \tau_{xy} & \tau_{xz} \\ \tau_{xy} & \sigma_{yy} & \tau_{yz} \\ \tau_{xz} & \tau_{yz} & \sigma_{zz} \end{bmatrix}_{(x,y,z)} \quad (6.2)$$

分级准则可以通过下面的方程来表示:

$$f(\boldsymbol{\sigma}) \leq \sigma_0 \quad (6.3)$$

式中:σ_0 为应力极限;$f(\boldsymbol{\sigma})$ 为应力张量的范数,可能包含参数,具体取决于材料。

在各向同性材料情况下,可以将其放置于主应力坐标系下,并简化为三维问题。这也意味着,如果材料是正交各向异性的,则情况并非如此。

首先,研究一个各向同性的材料,可以将问题置于二维中来简化。应力张量在主应力坐标系中可表示为

$$\boldsymbol{\sigma}(M) = \begin{bmatrix} \sigma_{\mathrm{I}} & 0 \\ 0 & \sigma_{\mathrm{II}} \end{bmatrix}_{(x_{\mathrm{I}}, x_{\mathrm{II}})} \quad (6.4)$$

要将这种应力状态应用于材料,显然需要逐步加载,例如用测试仪器。因此,将从选择一个加载类型开始,并用相同类型的载荷缓慢对材料进行加载。这是一个线性加载过程:

$$\boldsymbol{\sigma}(t) = \begin{bmatrix} \sigma(t) & 0 \\ 0 & a\sigma(t) \end{bmatrix}_{(x_{\mathrm{I}}, x_{\mathrm{II}})} \quad (6.5)$$

然后,可以将问题聚焦为确定导致断裂(或在损坏/塑性开始时)的 $\sigma(t)$ 值(对于($a \in [-\infty, +\infty]$)所有值),并以图表的形式表示,就可以在线性回溯直线上找到许用应力,如图6.1所示。

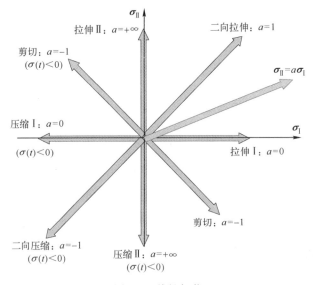

图6.1 线性加载

为了实现这种加载形式,可以采用二维拉伸试验,如图6.2所示。

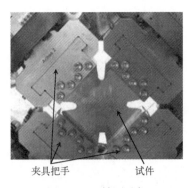

图6.2 双轴测试仪

当然要想实现这些测试并不容易,需要保证测试过程能获得一个均匀的应力区域,并能在这个区域内测量到应力(无论是基于外力,如拉伸情况,还是基于测量拉伸的应力仪(应变仪),都必须知道材料的本构关系法则)。

还要通过执行相同的多次测试来证实试验的可重复性。事实上,两种试验测试从来不会给出两种完全相同的结果。例如,对于复合材料,每种测试至少要执行五次才能确定与断裂概率有关的断裂准则。

一旦完成了足够数量的不同值的测试,就可以找到准则,并与理论准则比较,以确定哪一种准则最适合所研究的材料。

最后,对于三维以及正交各向异性的材料,因为需要想象在材料上施加切应力,测试可能更为复杂。

6.3 正应力或主应力准则:脆性材料

最简单的准则是最大正应力准则。该准则表明,如果最大正应力(对于所有面或者所有可能的法矢量 n)达到使用拉伸测试确定的限定应力,则材料已达到断裂,如图 6.3 所示。

可以证明(请读者自己证明)最大正应力是三个主应力中最大的。因此,断裂将在垂直于最大正应力的平面上扩展,意味着裂口方向垂直于最大主应力,如图 6.4 所示。

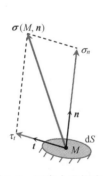

图 6.3 正应力和切应力

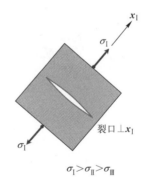

图 6.4 脆性材料的断裂

因此,如果没有发生断裂,应该有

$$\max(\sigma_\mathrm{I},\sigma_\mathrm{II},\sigma_\mathrm{III})<\sigma_0 \tag{6.6}$$

σ_0 是断裂限定应力或损伤的开始(证明这个准则对于塑性材料没有意义,意味着包含所有延展性材料都是没有意义的)。

该准则与拉伸载荷有关,即正主应力。而通常与压缩载荷关系不大,当将这

个准则应用于压缩载荷时,要区分拉伸断裂和压缩断裂。所以,如果没有发生断裂,应该有

$$\begin{cases} \max(\sigma_{\mathrm{I}},\sigma_{\mathrm{II}},\sigma_{\mathrm{III}}) < \sigma_{\mathrm{trac}} \\ \min(\sigma_{\mathrm{I}},\sigma_{\mathrm{II}},\sigma_{\mathrm{III}}) > \sigma_{\mathrm{comp}} \end{cases} \quad (6.7)$$

式中:σ_{trac}、σ_{comp}分别为限定拉应力和限定压应力(为负应力)。例如,对于环氧树脂(一开始可以认为是一种脆性材料),有50MPa的拉伸限定和-200MPa的压缩限定。因此在(σ_{I},σ_{II})平面上获得的准则是一个矩形,如图6.5所示。

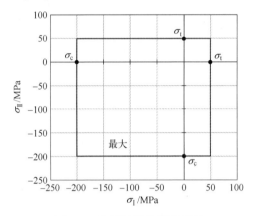

图6.5 脆性材料的断裂准则

该准则适用于脆性材料,但还存在某种局限性。

主要的限制是各个方向之间缺少耦合。简而言之,一个方向上的断裂不取决于其他方向的应力。为了使这种类型的准则成为默认值,可以通过对材料施加等值反向的两个应力来实现剪切测试:

$$\boldsymbol{\sigma} = \begin{bmatrix} \sigma & 0 & 0 \\ 0 & -\sigma & 0 \\ 0 & 0 & 0 \end{bmatrix} \quad (6.8)$$

显然,这种载荷相当于绕坐标系中z轴旋转45°实现纯剪切。

总体上可以看出,断裂应力低于断裂拉应力。这是因为,为了引起断裂,y轴的压应力与x轴的拉应力相加。这将在摩擦切应力准则的实例中整体详细介绍。

注意,该准则对于塑性材料(即延展性材料)没有意义。

事实上,可以证明,塑性主要是受切应力影响产生的现象,因此符合特雷斯卡(Tresca)和冯·米塞斯(Von Mises)准则。

可以用构成脆性材料和延展性材料的原子键类型来解释脆性材料和延展性

材料之间的行为差异。

（1）脆性材料通常由共价键构成。非常稳定且具有定向性的强键,由邻近原子中的电子聚集在一起形成。要实现断裂,就需要破坏这些键,因此有必要提供足够大的正应力。这一推理在纯晶体的情况下应用得很好,但在多晶的情况下应用一般(即材料由不同方向的晶体组成,这些晶体之间由边界的晶粒隔开)。

（2）延展性材料通常由金属键构成,这意味着大量原子中的离域电子(然后变成离子)聚集在一起,形成了离域强键。这些电子在材料中形成特别多的流动电子云(因为它们的导电性特别强)。因此,材料可以通过内部一步步位置置换原子来发生应变(满足改变邻近原子的位置,这对于共价键是不可能的,或者说至少是困难的)。这就是位错现象,如图6.6所示。因此,需要提供显著的切应力,以实现原子的位错和材料的塑性(不可逆性)应变。

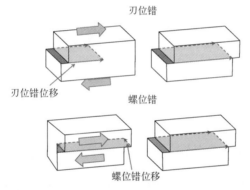

图 6.6　在切应力作用下的刃位错位移和螺位错位移

6.4　应力或最大剪切能准则：延展性材料

6.4.1　特雷斯卡准则

为了说明切应力对于延展性材料塑性的重要影响,最简单的准则是最大剪切准则或者特雷斯卡准则。准则指出,如果最大切应力(对于所有面或者所有法矢量 n)达到限定应力,则可以达到材料的塑性。

由于进行拉伸测试比较简单,在实验中,更喜欢定义一个等效应力,称为特雷斯卡应力,它等于施加拉力时的拉伸应力,得

$$\boldsymbol{\sigma} = \begin{bmatrix} \sigma & 0 & 0 \\ 0 & 0 & 0 \\ 0 & 0 & 0 \end{bmatrix}_{(x,y,z)} \tag{6.9}$$

因此得到最大切应力(或使用莫尔圆,或通过所有可能的法矢量 $\boldsymbol{n}$ 寻找 τ 的最大值):

$$\tau_{\max} = \frac{\sigma}{2} \tag{6.10}$$

通过以下公式定义特雷斯卡等效应力:

$$\sigma_{\text{tresca}} = 2\tau_{\max} \tag{6.11}$$

因此,在纯拉伸情况下,特雷斯卡等效应力将直接等于拉伸应力。特雷斯卡准则可以表示为

$$\sigma_{\text{tresca}} = 2\tau_{\max} < \sigma_e \tag{6.12}$$

式中:σ_e 为材料中的弹性极限。特雷斯卡准则实际上是弹性准则的终点(或者说是塑性的起点),而不是断裂准则。因此,该准则对于确定材料的弹性极限有意义,而对于脆性材料没有意义。注意:弹性行为只是材料韧性行为的开始,如图 6.7 所示。

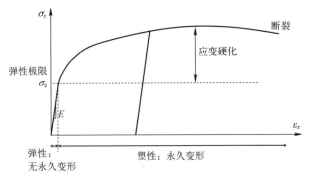

图 6.7 韧性材料的拉伸测试

在三维中,还可以表现为(例如可以用莫尔三圆进行说明)特雷斯卡应力等于主应力的最大差值(绝对值):

$$\sigma_{\text{Tresca}} = \text{Max}(\,|\sigma_{\text{I}} - \sigma_{\text{II}}|\,;\,|\sigma_{\text{II}} - \sigma_{\text{III}}|\,;\,|\sigma_{\text{III}} - \sigma_{\text{I}}|\,) \tag{6.13}$$

在实践中,这一准则并不常用,最好使用冯·米塞斯准则,因为更简单,并且还可以推导。实际上,如果能在主应力二维平面($\sigma_{\text{I}}, \sigma_{\text{II}}$)找到这两个准则,并假设它们的拉力相等(只是一个假设),则韧性材料的弹性极限准则如图 6.8 所示。

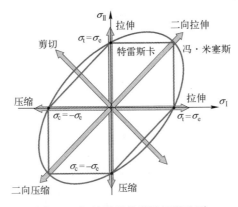

图 6.8 韧性材料的弹性极限准则

在特雷斯卡准则中,观察到一些角点,这些角点后来对塑性建模引导出了数值问题。

6.4.2 冯·米塞斯准则

冯·米塞斯准则是以剪切能为基础的,与特雷斯卡准则相同,也是基于塑性易受剪切影响这一事实。

该能量与材料受到给定应力和应变时以弹性形式存储的能量相对应,这种现象和弹簧存储能是一样的:

$$E_{\text{ressort}} = \frac{1}{2}Fx = \frac{1}{2}kx^2 \tag{6.14}$$

式中:F 为弹簧的力;k 为刚度;x 为位移($F=-kx$)。

以此类推,材料体积为 V,受到应力 $\boldsymbol{\sigma}$ 和应变 $\boldsymbol{\varepsilon}$ 作用,材料储存的能量(称为应变能 E_d)是应力与应变乘积(此处为张量缩并乘积)的 1/2,即

$$E_d = \frac{1}{2}\iiint_V \boldsymbol{\sigma}:\boldsymbol{\varepsilon}\mathrm{d}V \tag{6.15}$$

或者,更进一步地展开,得

$$E_d = \frac{1}{2}\iiint_V (\sigma_{xx}\varepsilon_x + \sigma_{yy}\varepsilon_y + \sigma_{zz}\varepsilon_z + 2\tau_{xy}\varepsilon_{xy} + 2\tau_{yz}\varepsilon_{yz} + 2\tau_{xz}\varepsilon_{xz})\mathrm{d}V$$

$$\tag{6.16}$$

实际上,缩并是张量乘积的迹,甚至可以对等于矢量的标量积:

$$\boldsymbol{\sigma}:\boldsymbol{\varepsilon} = \mathrm{tr}(\boldsymbol{\sigma}\boldsymbol{\varepsilon}) = \sum_{i,j}\sigma_{ij}\varepsilon_{ij} \tag{6.17}$$

现在需要将剪切能从剩余部分分离出来,其余部分对应于膨胀能或静水压能。静水压对应于立方体在所有旋转面上施加(液压型)压力时获得的应力,如

图 6.9 所示(顺便提一下,可以证明该张量具有旋转不变性):

$$\boldsymbol{\sigma} = \begin{bmatrix} -p & 0 & 0 \\ 0 & -p & 0 \\ 0 & 0 & -p \end{bmatrix} \quad (6.18)$$

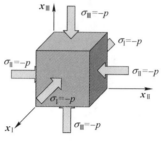

图 6.9 静水压力

实际上,韧性材料受静水压力时,永远不会达到塑性,即使是非常大的静水压力也是如此。因此,可以将应力张量分为两部分:对塑性没有影响的静力部分和偏离部分,即

$$\boldsymbol{\sigma} = \frac{1}{3} tr(\boldsymbol{\sigma}) \cdot \boldsymbol{I} + dev(\boldsymbol{\sigma}) \quad (6.19)$$

或者,如果清晰地写出静力部分,则

$$\frac{1}{3} \text{tr}(\boldsymbol{\sigma}) \cdot \boldsymbol{I} = \frac{1}{3} \begin{bmatrix} \sigma_x + \sigma_y + \sigma_z & 0 & 0 \\ 0 & \sigma_x + \sigma_y + \sigma_z & 0 \\ 0 & 0 & \sigma_x + \sigma_y + \sigma_z \end{bmatrix} \quad (6.20)$$

如果对应变进行相同处理,则应力张量和应变张量的缩并乘积就会分解成两部分:

(1) 应力和应变偏差部分的乘积;
(2) 应力和应变静力部分的乘积。

因为叉积(偏差×静力)为0,正是偏差部分对应于先前引起的剪切能。

实际上,由于应力和应变之间是线性的,倾向于使用应力张量的偏差,因此将冯·米塞斯应力 σ_{VM} 定义为应力张量偏差的开根号:

$$\sigma_{VM} = \sqrt{\frac{3}{2} dev\boldsymbol{\sigma} : dev\boldsymbol{\sigma}} \quad (6.21)$$

至于3/2系数,使得冯·米塞斯等效应力等于拉伸时的拉应力(这里将留给读者证明,纯拉伸下,$\sigma_{VM} = \sigma$)。

可以将式(6.21)进一步写成:

$$\sigma_{VM} = \sqrt{\frac{1}{2}[(\sigma_x-\sigma_y)^2+(\sigma_y-\sigma_z)^2+(\sigma_z-\sigma_x)^2+6(\tau_{xy}^2+\tau_{yz}^2+\tau_{xz}^2)]}$$
$$= \sqrt{\frac{1}{2}[(\sigma_I-\sigma_{II})^2+(\sigma_{II}-\sigma_{III})^2+(\sigma_{III}-\sigma_I)^2]} \quad (6.22)$$

因此,如果冯·米塞斯等效应力始终低于弹性极限,则材料保持线性弹性:

$$\sigma_{VM} < \sigma_e \quad (6.23)$$

事实上,这个准则运用得非常好,但显然不能忘记,在现实中,是选定的材料和工程师决定使用最适用于所研究的材料准则。

如果在主应力平面(σ_I, σ_{II})中使用冯·米塞斯准则,则拉伸/压缩时,可以得到一个经过$\pm\sigma_e$的椭圆(图6.8)。

如果现在在主应力三维空间($\sigma_I, \sigma_{II}, \sigma_{III}$)使用冯·米塞斯准则,则会得到一个三扇轴的圆柱体(方程$x=y=z$的直线)和半径$\sigma_e/\sqrt{3}$(拉力轴不垂直于三扇轴,因此系数是$\sqrt{3}$)。这个圆柱体解释了这样一个事实,冯·米塞斯准则与静水压无关,即三扇区的任何应力张量变换都是独立的。

同样,特雷斯卡准则也给出了一个圆柱体,但底部是六边形,如图6.10所示。

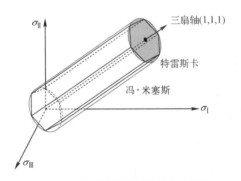

图6.10 韧性材料的弹性极限准则

如果对比一下二维和三维的冯·米塞斯和特雷斯卡准则,就会发现这两种准则差异非常小。为了进行选择,需要试验测量所研究材料的弹性极限准则,并将试验值与理论准则相比较。实际上,试验的离散度大于这两种准则之间的差异,因此,很难说其中一个是否比另一个好。在实践中,为了避免角点,常用冯·米塞斯准则代替特雷斯卡准则。

6.4.3 韧性材料的断裂

如果对韧性材料进行拉伸测试,其结果如图 6.11 所示。例如钢,直到断裂发生,其断裂面(通常)的方向为 45°。这一结果对应用特雷斯卡和冯·米塞斯准则呈现得非常好,这两个准则都假定切应力大于正应力。实际上,可以证明,在纯拉伸下,最大切应力在拉伸方向的 45°处获得(相当于拉应力的 1/2)。

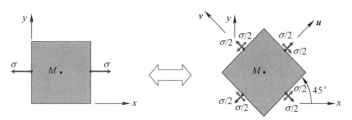

图 6.11 拉伸测试最大切应力

然而,这个结果还需要谨慎对待,因为这些准则是确定塑性的开始,而断裂是发生在塑性的终点。此外,意识到塑性的开始,而不是断裂现象。然而,仍可以使用非常硬的钢,即经过热处理(或者机械处理)的钢,使其弹性增加,与此相反,塑性区域减小。因此,由冯·米塞斯和特雷斯卡准则可以预测,断裂一定在 45°处。剪切迹象没有意义(与正应力不同),断裂将发生在二维平面中的+45°或-45°处,如图 6.12 所示(以及在三维载荷轴的 45°处的任何平面)。

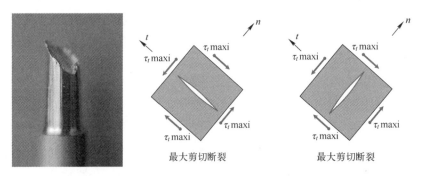

图 6.12 极小(或无明显)塑性的韧性材料的断裂

对于塑性显著的韧性材料,尤其是在试验过程中出现明显颈缩现象时,这一结果就不那么正确了,如图 6.13 所示。因此,这种表现为完全没有弹性,而且建模也要复杂得多。

图 6.13 塑性显著的韧性材料的断裂

如果使用冯·米塞斯准则,可以证明纯剪切状态下平均应力(留给读者计算)为

$$\bar{\sigma} = \sqrt{3}\tau < \sigma_e \quad (6.24)$$

从而可以直接用冯·米塞斯准则直接推导出:

$$\tau_e = \frac{\sigma_e}{\sqrt{3}} \quad (6.25)$$

这一点得到了很好的认证。

如果使用特雷斯卡准则,可以证明纯剪切状态(留给读者计算)为

$$\sigma_{\text{tresca}} = 2\tau < \sigma_e \quad (6.26)$$

从而可以使用特雷斯卡准则导出:

$$\tau_e = \frac{\sigma_e}{2} \quad (6.27)$$

因此,需要在冯·米塞斯系数的$\sqrt{3}$和特雷斯卡系数 2 之间做出选择。即使更多倾向于使用冯·米塞斯准则,大多数还是因为前面提到的原因。实践中,显然是由材料决定的,因为这两个系数之间的差异经常被其他试验误差覆盖。的确,不能忘记,通过试验决定韧性材料的弹性极限比确定弹性模量更复杂。

如果考虑一种材料受静水压力产生的应力为

$$\boldsymbol{\sigma} = \begin{bmatrix} -p & 0 & 0 \\ 0 & -p & 0 \\ 0 & 0 & -p \end{bmatrix} \quad (6.28)$$

则可以证明:

$$\sigma_{\text{VM}} = \sigma_{\text{tresca}} = 0 \quad (6.29)$$

简单地说,无论 p 值是多少,即使趋向于无穷大,塑性也不会被激发出来。注意:这不意味着没有拉力,弹性不是基于等效应力的。仍可以计算:

$$\boldsymbol{\varepsilon} = \begin{bmatrix} \dfrac{-(1-2\nu)p}{E} & 0 & 0 \\ 0 & \dfrac{-(1-2\nu)p}{E} & 0 \\ 0 & 0 & \dfrac{-(1-2\nu)p}{E} \end{bmatrix}_{(x,y,z)} \quad (6.30)$$

尽管看起来很矛盾，但确实得到了正确的验证。要做这个测试，把一个小立方体放在一个有压力的液体容器中，并增加压力就"足够"了，观察到的应变实际上是弹性的（或几乎是弹性的）。

6.5 最大摩擦剪切准则：脆性材料的压缩

如前所述，最大主应力准则在模拟脆性材料的断裂时一阶近似，在拉伸下是正确的，但在压缩下就不正确。

尤其是，如果使脆性材料受纯压缩，则会观察到与加载方向成 45°~60°夹角的裂纹。以碳纤维复合材料为例，这种材料明显具有各向异性，因为纤维方向（纵向 l）的刚度（和断裂应力）远远大于树脂方向（横向 t 和外平面方向 z）的刚度（和断裂应力）。相反，在平面(t,z)上，这种材料是各向同性的。因此，讨论的是横向各向同性，正如现在的对称轴(l)。因此可以把这种材料在二维平面(t,z)中的断裂看作各向同性材料的断裂。

在讨论压缩之前，注意到在纯拉伸下，这种材料在纤维/树脂界面开始处表现为脆性断裂。裂纹垂直于加载方向，说明这种材料易受法向拉应力作用，这与最大主应力准则是一致的，如图 6.14 所示。

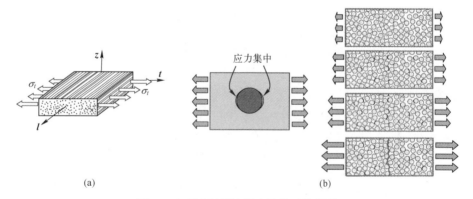

图 6.14 复合材料在横向拉伸时的断裂

压缩更为复杂。实际上,如前所述,观察到裂纹与加载方向成 45°~60°夹角,如图 6.15 所示。

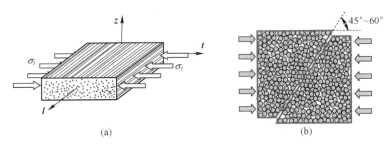

图 6.15 复合材料在横向压缩时的断裂

在第一次近似下,可以认为,在没有主应力作用下,这种断裂是由剪切引起的。如果是这种情况,就会在 45°处观察到裂纹(最大剪切方向与压缩方向成 45°)。

莫尔-库伦(Mohr-Coulomb)提出这样一种假设,即这种断裂一定是剪切断裂,但由于负摩擦正应力(图 6.16),这种断裂模式被破坏了。

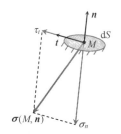

图 6.16 压缩应力矢量

换句话说,导致断裂的应力肯定是切应力,但负的正应力因摩擦而减小。换言之,负的正应力越大,材料在断裂前承受切应力就越强。因此,得

$$|\tau_t|+f\sigma_n \leq \tau_0 \qquad (6.31)$$

式中:$f=\tan\phi$ 为摩擦系数;σ_n 为正应力($\sigma_n \leq 0$);τ_t 为切应力。

如图 6.17 所示,在没有正应力(或摩擦系数为 0)的情况下,该准则等同于特雷斯卡准则,因此剪切极限 τ_0 是拉伸极限的 1/2:

$$\tau_0 = \frac{\sigma_0}{2} \qquad (6.32)$$

其中拉伸极限记为 σ_0 而不是 σ_e,因为该准则是脆性材料的断裂准则,对于韧性材料没有意义,所以对于确定弹性极限也没有任何意义(除了取 0 摩擦系

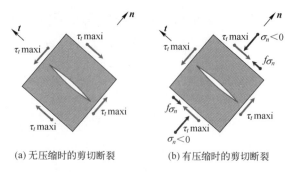

(a) 无压缩时的剪切断裂　　(b) 有压缩时的剪切断裂

图 6.17　无压缩和有压缩的剪切断裂

数,这又回到了特雷斯卡准则)。

因此,可以证明在纯压缩情况下,导致断裂的应力(绝对值)大于拉伸应力:

$$\sigma_c = \frac{-\sigma_t \cos\varphi}{1-\sin\varphi} \qquad (6.33)$$

式中: σ_t 为拉伸极限; σ_c 为压缩极限(负的)。

在 $\sigma_I \geqslant \sigma_{II} \geqslant \sigma_{III}$ 情况下,莫尔-库伦准则可以写成如下形式:

$$\frac{1+\sin\varphi}{1-\sin\varphi}\sigma_I - \sigma_{III} \leqslant -\sigma_c \qquad (6.34)$$

该准则尤其适用于土木工程中研究混凝土、岩石或土壤。

一种特殊情况是粉状材料,即粉状材料或快速破坏并转化为粉状的材料,如某些沙子和土壤,其拉力极限(以及零剪切极限)为 0(或非常弱)。因此,使其承受切应力的唯一方式(建筑物地基周围就是这种情况)就是使其承受压缩应力,而前面的公式很好地说明了这一点。

如果在主应力面(σ_I, σ_{II})中描述莫尔-库伦准则,类似于特雷斯卡准则,可以得到一个拉伸/压缩不对称的六边形,如图 6.18 所示。

如果在主应力空间($\sigma_I, \sigma_{II}, \sigma_{III}$)中研究莫尔-库伦准则,就会得到一个底面为六边形的应变圆锥(由拉伸/压缩不对称引起的)。这种圆锥形式上解释了静水压力对莫尔-库伦的影响(与特雷斯卡准则不同)。从物理上说,这意味着正的静水压导致断裂,负的静水压会压缩材料但不会破坏。对于脆性材料,这一特征得到充分证实。这也符合常识。

如果现在回想前面的碳/环氧树脂压缩测试,能够证明该准则预测了一个断裂角 θ_r:

$$\theta_r = \frac{\pi}{4} + \frac{\varphi}{2} \qquad (6.35)$$

如果摩擦系数是 0,一定会在 45°处发现裂纹,并且这个角度随摩擦的增大

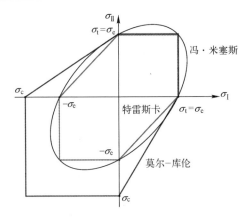

图 6.18　莫尔-库伦、冯·米塞斯、特雷斯卡三个准则

而增大。在碳/环氧树脂复合材料中,断裂角约为 54°,即摩擦角为 18°,摩擦系数为 0.32,与实测值相差一个数量级(甚至更大)。

相反,如果看一下压应力和拉应力的比例,会注意到理论预测的摩擦系数为 1 (这点非常重要)时,最大值(绝对值)为 2.4。实际上,碳/环氧树脂的这一比例约为 4(压缩时为 -200MPa,拉伸时为 50MPa)。

然而,在断裂之前这个摩擦概念是非常有局限性的。实际上,如果没有断裂,就没有裂缝,也不会有像经典摩擦那样两个面接触。但在碳/环氧树脂的情况下,可以认为这个系数 4 是由于拉伸和压缩的截然不同断裂现象造成的。在拉伸过程中,断裂实际上是由纤维/环氧树脂界面上产生的裂缝合并造成的。裂缝是应力集中显著导致的(纤维和树脂有不同的刚度)。然而,在压缩过程中,断裂是由剪切造成的,应力集中系数没有理由和拉伸时相同,并且可能更低。

和往常一样,必须记住模型只是一个模型。现实总是比我们希望适合的小模型更复杂。换言之,在盲目使用模型之前,请始终记住正确看待现实。

如果考虑二维中的纯压缩状态(可以证明三维中的结果与此相同):

$$\boldsymbol{\sigma} = \begin{bmatrix} \sigma & 0 \\ 0 & 0 \end{bmatrix} \tag{6.36}$$

当然,$\sigma<0$。考虑法矢量 $\boldsymbol{n}$ 与 x 方向成 θ 角的平面,得

$$\begin{cases} \sigma_n = \sigma\sin^2\theta \\ \tau_t = \sigma\sin\theta\cos\theta \end{cases} \tag{6.37}$$

因此,有

$$\sigma(f\sin^2\theta - \sin\theta\cos\theta) \leq \frac{\sigma_0}{2} \tag{6.38}$$

剩下就是确定该应力的哪个 θ_r 值最大,即计算后:

$$\tan 2\theta_r = \frac{-1}{f} \tag{6.39}$$

因此,有

$$\theta_r = \frac{\pi}{4} + \frac{\varphi}{2} \tag{6.40}$$

压缩应力为

$$\sigma_c = \frac{-\sigma_t}{2(\sin\theta_r\cos\theta_r - f\sin^2\theta_r)} = \frac{-\sigma_t\cos\varphi}{1-\sin\varphi} \tag{6.41}$$

6.6 各向异性准则:复合材料的例子

回想之前给出的复合材料的例子,可以看到,这种材料具有各向异性的弹性本构关系为

$$\begin{cases} \varepsilon_l = \dfrac{\sigma_l}{E_l} - \dfrac{\nu_{lt}\sigma_t}{E_l} \\ \varepsilon_t = \dfrac{\sigma_t}{E_t} - \dfrac{\nu_{lt}\sigma_l}{E_t} \\ \varepsilon_{lt} = \dfrac{\tau_{lt}}{2G_{lt}} \end{cases} \tag{6.42}$$

在一级近似下,可以证明材料是脆性的。这很容易理解,其断裂准则不是各向同性的,而是各向异性的。此外,在看到复杂的断裂现象后,可以证明拉压是不对称的。

为了简化这个问题,在二维平面 (l,t) 上研究。

为了解释观察到的不同行为,可以使用主应力准则来区分不同方向:

$$\begin{cases} \sigma_l^c \leq \sigma_l \leq \sigma_l^t \\ \sigma_t^c \leq \sigma_t \leq \sigma_t^t \\ |\tau_{lt}| \leq \tau_{lt}^r \end{cases} \quad 当 \begin{cases} \sigma_l^c \leq 0 \\ \sigma_t^c \leq 0 \end{cases} \tag{6.43}$$

式中:σ_l^t、σ_l^c 分别为纵向断裂时的拉应力和压应力;σ_t^t、σ_t^c 分别为横向断裂时的拉应力和压应力;τ_{lt}^r 为剪切断裂时的应力。例如,对于前面提到的 T300/914,给出:

$$\begin{cases} \sigma_l^t = 1500\text{MPa} \\ \sigma_l^c = -1400\text{MPa} \\ \sigma_t^t = 50\text{MPa} \\ \sigma_t^c = -200\text{MPa} \\ \tau_{lt}^r = 75\text{MPa} \end{cases} \tag{6.44}$$

如前所述,该模型的缺点是它未考虑各方向之间的耦合。因此,最常用的是蔡-希尔(Tsai-Hill)准则。该准则是基于冯·米塞斯准则的推广,冯·米塞斯准则的二维形式表示为

$$\sigma_{\text{VM}} = \sqrt{\sigma_l^2 + \sigma_t^2 - \sigma_l \sigma_t + 3\tau_{lt}^2} \leqslant \sigma_e \tag{6.45}$$

蔡-希尔准则推广为

$$A\sigma_l^2 + B\sigma_t^2 + C\sigma_l\sigma_t + D\tau_{lt}^2 \leqslant 1 \tag{6.46}$$

很容易证明,在纵向拉伸情况下,有

$$A = \frac{1}{(\sigma_l^t)^2} \tag{6.47}$$

在横向拉伸情况下,有

$$B = \frac{1}{(\sigma_t^t)^2} \tag{6.48}$$

纯剪切时,有

$$D = \frac{1}{(\tau_{lt}^r)^2} \tag{6.49}$$

最后那个参数 C 是通过考虑双轴拉伸($\sigma_l = \sigma_t$, $\tau_{lt} = 0$)得到的,当 $\sigma_t = \sigma_l^t$ 时,将达到断裂,因此可以证明:

$$C = \frac{-1}{(\sigma_l^t)^2} \tag{6.50}$$

实际上,这一假设很难验证,因为这种正交各向异性材料的双轴试验在 l 和 t 方向之间的差异很大,解释起来相当微妙。然而,由于参数 C 与其他参数相比,在实际应用中的影响仍然较小,它的取值几乎不会影响准则。因此,蔡-希尔准则表示为

$$\left(\frac{\sigma_l}{\sigma_l^\pm}\right)^2 + \left(\frac{\sigma_t}{\sigma_t^\pm}\right)^2 - \frac{\sigma_l \sigma_t}{(\sigma_l^\pm)^2} + \left(\frac{\tau_{lt}}{\tau_{lt}^r}\right)^2 \leqslant 1 \tag{6.51}$$

$$\begin{cases} \sigma_l^\pm = \sigma_l^t & \text{如果 } \sigma_l > 0 \\ \sigma_l^\pm = \sigma_l^c & \text{如果 } \sigma_l < 0 \\ \sigma_t^\pm = \sigma_t^t & \text{如果 } \sigma_t > 0 \\ \sigma_t^\pm = \sigma_t^c & \text{如果 } \sigma_t < 0 \end{cases} \quad (6.52)$$

因此，这可以视为每个方向上的弹性能总和（除以断裂应力），这能够解释不同断裂之间的相互作用。

如果在二维平面(σ_l, σ_t)探究该准则，将得到一条由四段椭圆形弧线组成的曲线。如图6.19所示，为了便于比较，图6.19中还显示了最大应力准则。

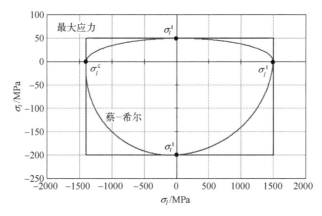

图6.19 蔡-希尔准则和最大应力准则

第7章 塑　　性

7.1 引　　言

现在已经确定了结构分级的主要准则,再来看看使用分级准则之后会发生什么。

对于脆性材料,通常在使用分级准则之后会观察到结构严重断裂。因此,前面研究的准则(最大正应力,蔡-希尔准则,依赖于所研究材料的莫尔-库伦准则)既可以用作弹性极限准则,也可用于断裂准则。然而,还有一定数量的材料有更复杂的行为,如复合材料,其断裂是一个渐进的过程。在这种情况下,蔡-希尔准则通常能够确定复合材料的第一个断裂层,但这通常不会同时引起其他层的断裂。

对于韧性材料,如图7.1所示,通常可以观察到,一旦达到了准则,塑性会扩展。事实上,如果观察韧性材料的拉伸曲线,就会看到弹性线性之后是塑性部分的开始(这意味着应力释放后存在永久变形)。因此,前面刚刚研究的准则(特雷斯卡和冯·米塞斯准则)不能同时用作弹性极限准则和断裂准则。这些准则能够确定弹性极限,但确定断裂还需要其他方法。事实上,用这些准则确定断裂将再次忽略拉伸曲线中的塑性部分(然而塑性部分代表曲线中最大部分)。

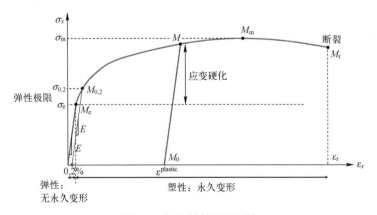

图7.1　韧性材料的可塑性

这种塑性行为(尤其是塑性应变)对结构的行为表现尤为重要。例如,由于这种塑性应变,可以成型或冲压零件(并且不会恢复到原始板材形状)。此外,由于这种塑性应变,可以通过应变硬化提高材料弹性极限。事实上,如果把材料加载到 M 点,如图 7.2 所示,然后卸载到零应力,就得到了平衡点 M_0,弹性极限为 σ_M(大于初始弹性极限 σ_e)的材料,现在讨论的是应变硬化。注意到,新的平衡点 M_0 因此被视为"新"材料的零应变点。需要记住,实际上,鉴于制作过程,尤其是热处理,工件需要处于应变硬化状态,并且只有 M_0 是已知的。

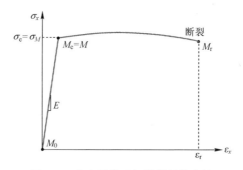

图 7.2 应变硬化后韧性材料的塑性

如果应变硬化使材料弹性极限提高,也会导致其韧性和断裂应变降低。事实上,"新"材料的应力/应变曲线呈现出较弱的塑性区域、较低的断裂应变 ε_r 和较弱的耗散能(对应于曲线下的空白处)。材料的这种能量耗散能力和断裂韧性(或临界应力强度因子)直接相关。材料通过塑性变形消耗的能量越多,断裂韧性就越显著,裂纹扩展越慢(反之亦然)。发现了与冷作硬化同样对立(第 8 章),增加弹性极限会降低断裂韧性(反之亦然)。

在实际中,几乎不可能去定义弹性极限 σ_e,因为弹性和塑性之间的过渡是以(或多或少,取决于材料)渐进的方式进行的。因此定义在 0.2% 处的 ($\sigma_{0.2}$) 的弹性极限,对应于引起塑性应变为 0.2% 的点。在实践中,经常将 0.2% 的应力称为"弹性极限",用 σ_e 表示。

塑性对于制定航空结构的分级准则也非常重要,尤其在极限载荷。事实上,已经知道飞机必须承受限定载荷而不会永久变形,应力存在必须保持弹性,意味着要小于弹性极限。然而,对于极限载荷,只有一个严重断裂是禁止的,永久变形(或塑性)是被允许的。在有极限载荷时,制定航空结构的分级准则,要考虑塑性(至少是塑性初始阶段)。

7.2 可塑性失稳：颈缩，真实应力和真实应变

如果在拉伸试验中观察样品的形状，从最大应力点开始的塑性应变局部化现象，称为颈缩，如图 7.3 所示。

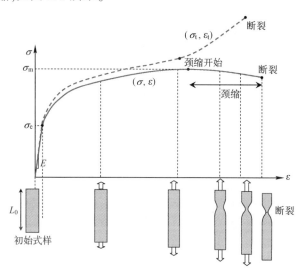

图 7.3 工程中的拉伸试验和真实应变/应力

为了理解这种颈缩现象，需要研究应力随应变的变化，以及试样截面的变化。试样截面上的力显然是该应力与截面积的乘积，即

$$F = \sigma S_0 \tag{7.1}$$

只要该力随应变增加，试样就会均匀变形。但如果该力开始减小（或保持不变），则会出现应变局部化现象，即颈缩。在实际中，试样颈缩开始的地方一定有缺陷，当构件问题变成不稳定时，颈缩将变得更严重。

实践上，颈缩是结构无影响的领域（除非在最终断裂期间发生事故）。事实上，这种失稳对于结构的完整性来说非常危险。也不能用于成型或冲压，因为这会引起不均匀变形，并且工件不会呈所需的形状。

在实际中，韧性材料的颈缩应变发生在几十个百分点的数量级，铝 2024 合金的颈缩应变约为 15%，如图 7.4 所示。

从颈缩点开始，由于试样中的应力和应变不再均匀，应力/应变拉伸曲线不再有意义。在试样的某些区域，应力和应变较小，而在其他区域（像颈缩区域），应力和应变则较大。还可以证明，颈缩区的应力状态不再是纯拉伸状态，而是三维应力状态。

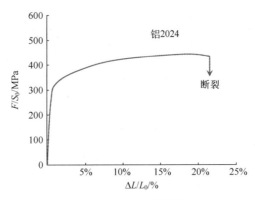

图 7.4 铝 2024 拉伸测试

这就是为什么在处理上一个曲线时,我们注意到的是 F/S_0 和 $\Delta L/L_0$,而不是 σ 和 ε。事实上,即使在颈缩之后,此曲线也有意义,但必须视为结构曲线(至少在颈缩之后),而不是材料曲线。

事实上,即使在颈缩之前,该曲线也对所采取的应力和应变的定义提出了疑问。实际上,这些应力和应变是根据参考位置(或此处的 L_0 和 S_0)进行估算的。只适用于小应变(小位移),实际上只有百分之几。在塑性情况下,应变会迅速增长,因此有必要考虑几何形状的变化。如果 L_0 不再是试样的长度,那么除以 L_0 也就没有意义了。

在参考实际长度 L 和实际截面 S 时,真实应力和真实应变(或更准确地说,应变增量)定义为

$$\begin{cases} d\varepsilon_t = \dfrac{dL}{L} \\ \sigma_t = \dfrac{F}{S} \end{cases} \quad (7.2)$$

对于先前引起的应力和应变,ε 和 σ 通常称为工程应力和工程应变。

长度 L 随着时间的变化而变化,应变实际上需要定义增量,可通过下式积分,得

$$\varepsilon_t = \int_{L_0}^{L} \frac{dL}{L} = \lg\left(\frac{L}{L_0}\right) = \ln\left(1 + \frac{\Delta L}{L_0}\right) = \ln(1 + \varepsilon) \quad (7.3)$$

对于真实应力的定义,需要首先做一个基于体积变化的假设,对 S 的变化做出一个假设。

在纯拉伸中可以看到应变为

$$\boldsymbol{\sigma} = \begin{bmatrix} \sigma & 0 & 0 \\ 0 & 0 & 0 \\ 0 & 0 & 0 \end{bmatrix} \Rightarrow \boldsymbol{\varepsilon} = \begin{bmatrix} \varepsilon & 0 & 0 \\ 0 & -\nu\varepsilon & 0 \\ 0 & 0 & -\nu\varepsilon \end{bmatrix}, \quad \varepsilon = \frac{\sigma}{E} \tag{7.4}$$

因此体应变为

$$\frac{\Delta V}{V} = \mathrm{tr}\boldsymbol{\varepsilon} = (1-2\nu)\varepsilon \tag{7.5}$$

一般来说,ν 在 0.3 的数量级以下,拉伸的体应变是正的。换句话说,试样的截面变小不足以补偿拉伸方向上的体积增加。

式(7.5)在弹性方面是正确的,但在塑性方面,则是完全不正确的,实际上,塑性的体积变化几乎为 0。

弹性和塑性之间本质上的这种表现差异可以通过应变现象很好地理解。在弹性中,应变是由于原子键被拉长。这些键在施加拉力的方向上被拉长,同时在垂直方向上少部分被缩短,并且体积增加。在塑性中,应变是由位错运动引起的,位错运动满足了晶体网格缺陷被置换或替代的要求,这个过程并不会引起体积变化。这就是塑性不易受静水压力的影响的原因。实际上,静水压力往往使材料的体积减小(或增加,取决于它的符号),因为塑性对体积没有影响。这两种现象没有相互作用。

在塑性下,塑性应变形式表示为

$$\boldsymbol{\varepsilon}^P = \begin{bmatrix} \varepsilon^P & 0 & 0 \\ 0 & -\frac{1}{2}\varepsilon^P & 0 \\ 0 & 0 & -\frac{1}{2}\varepsilon^P \end{bmatrix} \tag{7.6}$$

因此,无论 ε^P 的值是多少,体积变化都是 0。

现在写出初始值为 V_0 的体积 V 在整个加载过程中不变的形式,得

$$V = V_0, \quad \begin{cases} V_0 = S_0 L_0 \\ V = SL = SL_0(1+\varepsilon) \end{cases} \tag{7.7}$$

式中:$L_0(S_0)$ 为体积在拉伸方向上的初始长度(截面);$L(S)$ 为瞬时长度(截面)。

显然,这只在体积不变的情况下正确。换句话说,这在弹性时不正确。然而,因为在实践中,塑性应变远大于弹性应变(一旦超过阈值),所以假设体积是恒定的。因此,得到截面:

$$S = \frac{S_0}{1+\varepsilon} \tag{7.8}$$

截面肯定是减小的,而 ε 是正的。

真实应变和真实应力为

$$\begin{cases} \varepsilon_t = \ln(1+\varepsilon) \\ \sigma_t = \sigma(1+\varepsilon) \end{cases} \quad (7.9)$$

如果将工程应力/应变曲线转变为真实应力/应变,通常会得到一条严格递增直到最终断裂的曲线。实际上,还要记住,曲线中表示断裂部分之后的颈缩,是没有意义的。事实上,这部分曲线在工程应力/应变中的意义甚至更小,因为在这种情况下,将其视为结构曲线,然而,在真实应力和应变的情况下,即使是真实应力和应变在颈缩后也没有意义。事实上,可以定义一个直到断裂的真实应力/真实应变曲线,但是这个问题变成了一个真正的结构问题,刚才定义这些真实应力和应变所做的假设都不再是有效的。

7.3 塑性本构关系:兰贝格·奥斯古德定理(Ramberg-Osgood)定律

为了模拟一个产生塑性的试验,有必要修改之前所理解的弹性本构关系。为此,可以从假设总应变理解为弹性应变 ε^e 和塑性应变 ε^p 的总和开始:

$$\varepsilon = \varepsilon^e + \varepsilon^p \quad (7.10)$$

弹性(线性、各向同性、均质)本构关系定律仍然有效,但仅在应力和弹性应变之间有效:

$$\sigma = E\varepsilon^e = E(\varepsilon - \varepsilon^p) \quad (7.11)$$

这种关系转化为弹性的根本区别是:为了确定应力,仅仅知道应力是不够的,塑性应变也必须已知。而要知道塑性应变,就要知道材料的加载过程,例如从一开始应力的演变。

实际上,可以根据应变硬化曲线(即阈值应力曲线)的中间应力来定义 ε^p 的演化,这取决于塑性应变,如图 7.5 所示。

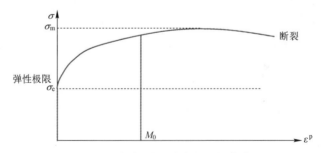

图 7.5 应力-塑性应变的塑性曲线

第 7 章 塑性

实际上,这条曲线只有一个阈值,超过这个阈值,行为关系为弹性关系。如果应力保持小于这个阈值,则对于给定的塑性应变,本构关系将保持弹性关系。如果应力超过这个阈值,那么塑性应变就会增加。

在航空领域,经常使用 Ramberg-Osgood 定律:

$$\varepsilon = \varepsilon^e + \varepsilon^p = \frac{\sigma}{E} + 0.002\left(\frac{\sigma}{\sigma_{0.2}}\right)^n \tag{7.12}$$

这意味着对于等效应力 $\sigma_{0.2}$,塑性应变等于 0.2%(或 0.002)。

表 7.1 所列为航空中使用的主要金属材料的特征值。

表 7.1 主要航空金属材料的力学特性

参 数	2024 铝合金	7075 铝合金	TA6V 钛
E/MPa	70000	74000	82000
$\sigma_{0.2}$/MPa	270	420	210
N	7	14	5.4
ε 断裂/%	20	10	25

图 7.6 中给出了绘制的拉伸曲线。

当然,必须记住,只有当应变低于断裂应变 ε_r 时,这些曲线才有意义。在实践中,断裂应变实际上是颈缩应变。事实上,正如之前所说,颈缩后的拉伸曲线是没有意义的,由于应变局部化问题,不可能使用超出此应变的材料。

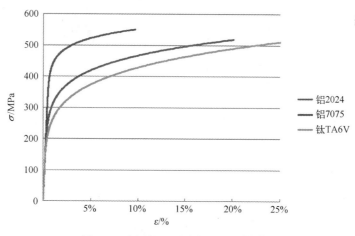

图 7.6 主要航空金属合金的拉伸曲线

7.4 弹塑性计算实例：开孔受拉板

为了说明塑性在结构计算中的应用，将研究受拉开孔板的例子，如图 7.7 所示。

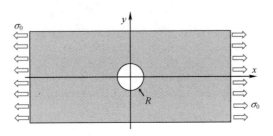

图 7.7 开孔拉伸测试

可以参考本书末尾的相关练习，证明这个例子的行为关系是线弹性各向同性的，并且板的尺寸与孔的尺寸相比非常大，则可以分析确定此板中的应力。

为了研究有限长度的板的例子，并将其与弹塑性实例进行比较，使用有限元方法对此算例进行建模，如图 7.8 所示。

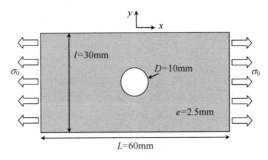

图 7.8 开孔拉伸测试

10mm 的孔类似于一个螺丝穿过的孔，而 30mm 的尺寸相当于两个相邻螺丝之间的距离。

网格由四边形膜单元组成，如图 7.9 所示，应力为平面应力。只对结构的 1/4 进行了建模，并在对称轴上施加边界条件：$x=0, u=0 ; y=0, v=0$。

考虑到材料为铝（$E=70\text{GPa}, \nu=0.3$），在 $\sigma_0=200\text{MPa}$ 的平均压力下，将得到等效冯·米塞斯应力场，如图 7.10 所示。

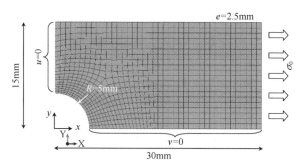

图 7.9　开孔拉伸测试的有限元模拟

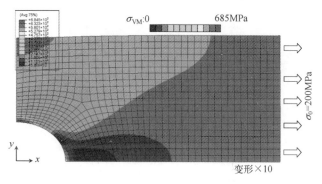

图 7.10　弹性拉伸测试冯·米塞斯应力（见彩插）

在孔的边缘观察到明显的应力集中，在孔上方（$x=0, y=R$）处得到最大冯·米塞斯应力为 685MPa，因此给出了应力集中系数：

$$K_t^{\text{el}} = \frac{\sigma_{\text{VM}}^{\max}}{\sigma_0} = 3.4 \quad (7.13)$$

该系数将与无限长板的例子中系数 3 进行对比（第 9 章末尾的例子）。有限长板情况下，系数略大，因为板的尺寸比孔的尺寸大得多，这制约了所讨论的工作截面（这里为 2/3）。

考虑弹塑性材料，如图 7.11 所示，其弹性极限应力为 400MPa，断裂应变为 20%，断裂应力为 520MPa（实际上是颈缩应变和应力），线性应变硬化。这些特征对应于标准的铝 2024 合金。

得到等效冯·米塞斯应力场，如图 7.12 所示。

类似之前的做法，在孔的边缘得到应力集中系数：

$$K_t^{\text{pl}} = \frac{\sigma_{\text{VM}}^{\max}}{\sigma_0} = 2.0 \quad (7.14)$$

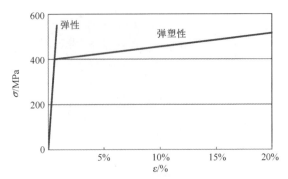

图 7.11 弹性和弹塑性拉伸曲线

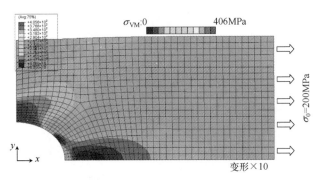

图 7.12 弹塑性开孔拉伸测试冯·米塞斯应力(见彩插)

因此,由于孔的边缘材料的塑性,如图 7.13 所示,应力集中系数从 3.4 降到了 2.0。现在看到了塑性区域。要做到这一点,只需显示塑性应变 ε^{pl} 就足够了(如果材料处于弹性区域中,则该值显然为 0)。可以证明,ε^{pl} 是一个张量,并且就像应力张量一样,可以定义一个冯·米塞斯等效应变(等于纯拉伸下的拉伸应变)。

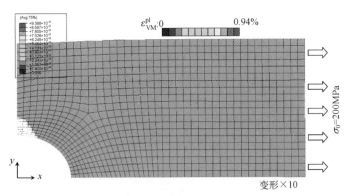

图 7.13 冯·米塞斯塑性应变的弹塑性开孔拉伸试验(见彩插)

由图7.13可见塑性区很小,并且局限于高应力集中区。此外,最大塑性应变仍很小,低于1%。如果比较材料的拉伸曲线和冯·米塞斯应力场,这一点是显而易见的。由于最大应力为406MPa,相应的点位于塑性区的起始点。

要观察结构的力学行为关系曲线,如图7.14所示。为此,根据平均应变 ε_0 来计算出平均应力 σ_0,该平均应变通过将施加在板末端位移来计算板的长度。可以证明所用的对称性对这个问题不会有任何改变——显然是位移除以30mm,而不是除以全长60mm。

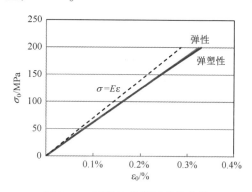

图7.14 开孔拉伸测试整体曲线

作为比较,在图7.14中引入了纯胡克定律($\sigma = E\varepsilon$),这是在没有孔的情况下得到的。可以看出,由孔引起的刚度损失较弱,大约为12%,而结构的整体行为关系变化很小,不论材料是弹性的还是弹塑性的,刚度损失约为1.5%。这显然是因为塑性区仍然很小,几乎不影响结构的整体变化。

这个例子代表对结构缺陷的表示。实际上,当制造金属结构时,或者当制造金属材料件时,局部必然存在许多缺陷,如夹杂物、多孔性、金属收缩、微裂纹等。当载荷开始施加到结构上时,在这些缺陷周围将出现较大的应力集中,并因此产生塑性区域。这些塑性区域具有平滑应力的效果,因此,使这些缺陷比没有可塑性时的危害小得多。这就是韧性材料(通常)没有脆性材料脆的原因。材料在缺陷周围产生塑性区域的能力可以看作是材料的断裂韧性,以限制裂纹的延伸。材料产生的塑性区域越多,所需的能量就越多,断裂韧性就越高。简而言之,塑性应该视为保持结构的一些积极现象,而不是不惜一切代价要避免的现象。

某些脆性材料,如复合材料,会产生另一种现象来平滑缺陷周围的应力——断裂。典型地由微裂纹组成的断裂确实需要能量来产生这种微裂纹网格,因此限制了裂纹和缺陷的延伸,增加了材料的断裂韧性。

这个研究弹塑性开孔板的例子也要与限定载荷和极限载荷进行对比。特别是可以提出以下问题:已知塑性在200MPa之前的某一点开始出现,这个板能承受限定载荷,还是极限载荷?在实践中,确定一个结构的最大限定载荷和极限载荷相当于一个实际问题。当然,当已知限定载荷和极限载荷时,可以完成对一个结构的设计,如修改板的厚度,对于将结构的限定载荷和极限载荷设为满足结构所需要的值是完全可以的。

对前一个问题的回答并不像表面上看起来那么明显。举个例子,可以把极限载荷的最大值设置在200MPa以下的某个值,使得极限载荷可保持存在一定的塑性,然后可把限定载荷的值设置得略低一些。在塑性出现之前。此响应显然符合限定载荷和极限载荷的认证。

在实践中,甚至还可以更进一步,将下限设置在200MPa。事实上,虽然出现了一个很小的塑性区域,但它仍然非常有限,(几乎)不影响结构的刚度,结构的刚度在整体范围内保持弹性。简而言之,这个结构是有弹性的。此外,弹性损失只会在开始首次加载时出现。在第二次加载时,材料会出现局部应变硬化,不会出现新的塑性区。实际上,这就是如何施加结构的最大极限荷载:从不影响结构整体刚度的那一刻起,允许有较小的塑性区存在。有一种简单的方法可以实现这一点,那就是略微增加材料的弹性极限。因此,只进行弹性计算就足够了,这样更简单,更快,这正是使用了弹性极限为$\sigma_{0.2}$时所执行的操作。因此,允许局部的小塑性应变(小于0.2%),将在奇异区得到平滑应力。

要设置极限载荷,还需要研究200MPa后会发生什么。为此,逐渐增加了载荷。然后,对应于曲线的渐近线(σ_0, ε_0),获得最大值278MPa。从这一点开始,结构不再能够承受所需的应力,如图7.15所示,计算出现偏差。

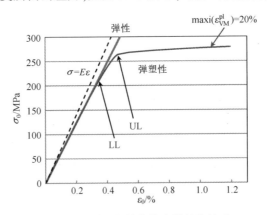

图7.15 弹塑性结构的力学行为关系

然而,该曲线(σ_0, ε_0)确实允许采用大约260MPa的极限载荷,这将能够避免出现大的塑性区域,并保持在断裂极限下。至于限定载荷,必须保持在200MPa以下的数量级内,以避免失去结构的刚度。

为了解在278MPa下会发生什么,需研究冯·米塞斯应力场和塑性应变场。

图7.16可以清楚地观察到,最大冯·米塞斯应力等于520MPa,最大塑性应变等于20%,这是施加在材料曲线(σ, ε)上的。如果施加大于278MPa的平均应力,所有达到冯·米塞斯应力520MPa的点都会断裂,因此结构不再能够承受任何施加的力。

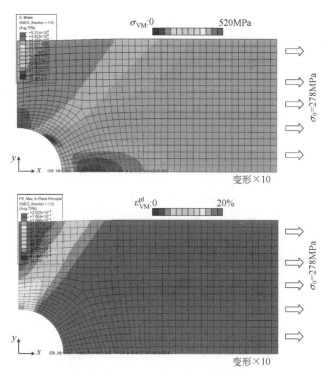

图7.16　$\sigma_0 = 278$MPa 开孔拉伸测试冯·米塞斯塑性应力和应变(见彩插)

然而,这种计算必须谨慎,因为从一个点达到塑性应变的20%开始,本身就是错的。事实上,从最大加载点达到塑性应变的20%时开始,材料的行为关系就不能用基于颈缩现象的拉伸试验获得的本构关系来描述。可以验证,这一点是在278MPa之前达到的,因此模型直到这一点都认为是可行的。

第 8 章 航空结构材料的物理特性

8.1 引　言

为了准确地确定结构的尺寸,首先要对所讨论的材料有充分的了解。这需要对所使用材料的本构关系模型(弹性、塑性、黏弹性、断裂等)有更大的关注。事实上,必须始终意识到,材料的真实本构关系总是比模型本构关系更复杂。因此,这里将讨论航空结构中使用的两种主要材料,即铝和碳/环氧树脂复合材料。这些材料加起来约占商用飞机(如波音 787)结构质量的 70%,如图 8.1 所示。

图 8.1　波音 787 采用的材料(见彩插)

其他结构使用的材料是不同类型的复合材料,如玻璃纤维复合材料、夹芯板结构(由两层复合材料覆盖的蜂窝芯)、钛基复合材料、钢基复合材料等。

不过,不要忘记,在波音 787 或空中客车 A350 等飞机上,复合材料结构质量的比例可以达到 50%,而在更标准的飞机上,例如空中客车 A320 或 A380,超过 60%的质量是由铝合金组成的。

钢和钛用于应力较大的区域。钛的优点是比钢轻,但力学特性较差。还观

第 8 章 航空结构材料的物理特性

察到,最广泛使用的钛,或者更准确地说钛合金,是一种含有 6%铝和 4%钒的合金,称为 TA6V。事实上,经常使用的是铝而不是铝合金,以及钛而不是钛合金,表 8.1 所列为航空用主要材料的力学特性。

表 8.1 航空用主要材料的力学特性

材 料	复合材料	$\rho/(kg/m^3)$	E/GPa	σ_e/MPa	K_{Ic}/(MPa×m$^{1/2}$)	用 途
Ti:TA6V	Al6%,V4%	4450	110	800~1000	10~13	在航空工业中铝不足时使用最广泛的钛合金
Al:2024	Cu4.4%,Mg1.5%,Mn0.6%等	2770	70	250~300	30~32	航空工业中应用最广泛的铝合金
Al:2050	Cu3.5%,Li1%,Mg0.4%等	2700	75	350~500	30~35	最近在航空工业领域新项目中应用的铝合金
Al:7075	Zn5.5%,Mn2.5%,Cu1.5%等	2800	72	350~500	25~30	广泛应用在航空领域,比 2024 更新
刚	FeC 0.02%~2%等	7800	210	200~1500	30~80	通用钢和马氏体时效钢之间应用范围非常广泛
碳/环氧树脂	碳纤维环氧树脂	1600	50~150	200~3000	6~15	航空领域应用最广泛的复合材料

虽然航空结构中使用的铝合金很多,但这里仅限于讨论三种典型的铝合金:2050、7075 和 2024。铝合金名称的第一个数字表示其级别。实际上,根据铝的组成,分成 8 种铝合金,见表 8.2。

表 8.2 航空领域主要铝合金的力学特性

序 列	复合材料	性 质	用 途
1000	非铝合金含量大于 99.9%	力学性能差,导热导电性好,可焊接	对力学性能要求不高的普通产品
2000	Al-Cu(2024 等),Al-Cu-Li(2050 等),Al-Cu-Mg 等	力学性能好,焊接性差,耐腐蚀性差	用于力学阻抗的结构(尤其是航空领域)
3000	Al-Mn	力学性能很好,可焊接	与 1000 系列一样,有更好的力学性能
4000	Al-Si	力学性能差,可铸性好	铸造
5000	Al-Mg		锅炉管道

续表

序 列	复合材料	性 质	用 途
6000	Al-Mg-Si	焊接性好,热成型性能好	汽车车身,塔架,钢管,焊接结构,造船
7000	Al-Zn-Mg 以及 Al-Zn-Mg-Cu(7075 等)	力学性能好	运输设备(包括航空)
8000	其他铝合金		Al-Fe 家用包装

铝 2000 和铝 7000 系列(尤其是铝 2024、铝 2050 和铝 7075)具有出色的静态力学特性(E 为弹性模量,σ_e 为弹性极限,K_{Ic} 为韧性)。韧性 K_{Ic} 代表临界应力强度因子,即导致裂纹延伸的应力强度因子。用物理术语来说,代表了材料抵抗裂纹延伸的能力,该值越低,裂纹延伸越慢(反之亦然)。

目前使用最广泛的铝合金是铝 2024 和铝 7075。它们的力学特性实际上非常相似,铝 7075 的弹性极限更高,铝 2024 的疲劳极限更高。尽管如此,铝 2024 的广泛使用在很大程度上要归功于它的早期开发。应该记住,开发新的航空材料是一个漫长的(因此也是昂贵的)过程,在适飞前需要得到当局的认证。

铝 2050 是一种较新的合金,并开始取代传统铝合金。实际上,与目前航空领域使用的铝 2000 或铝 7000 系列传统合金相比,锂的加入可以降低密度,提高弹性模量。这种有前途的合金可以减轻航空结构的重量,现广泛用于空客和波音的新项目中,还提供了比铝 2024 更好的耐腐蚀性。

现在将详细研究铝 2024,并特别考虑所需的热处理,以获得良好的力学性能。事实上,力学性能(特别是 σ_e 和 K_{Ic})可能因热处理过程而显著不同。遗憾的是,σ_e 的增加通常会导致 K_{Ic} 的降低,反之亦然。换句话说,必须在断裂韧性和强度之间做出决定。

8.2　铝 2024

铝 2024 最精确的组成(质量分数),如表 8.3 所列。

表 8.3　铝基 2024 复合材料

Al	Cu	Mg	Mn	Fe	Si
基	3.4~4.9	1.2~1.8	0.3~0.9	≤0.5	≤0.5

用于航空结构的铝 2024 热处理过程如图 8.2 所示。

第8章 航空结构材料的物理特性

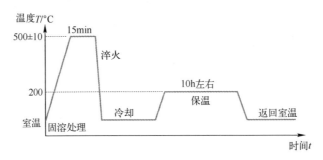

图 8.2 铝 2024 的热处理过程

第一步是"固溶处理"。如果要理解这个固溶处理阶段,首先就要解释所讨论的合金的平衡相图。混合物的平衡相图对应于混合物中平衡状态依赖温度的关系。铝/铜平衡相如图 8.3 所示。

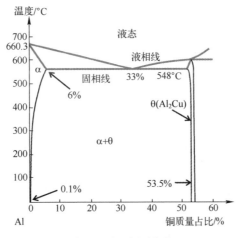

图 8.3 铝/铜平衡相

在图 8.3 中,合金成分显示在 x 轴上,这是铜的比例(其余 100%是铝的比例),温度显示在 y 轴上。因此,图上的一个点就是确定合金在给定温度下的许可相。实际上,还需要考虑其他添加剂对合金的影响,特别是镁和锰,但可以证明平衡相图没有显著变化。

如果把该合金放在高温下(T>650℃,例如在 A 点),混合物是液体,由单一相组成。从 650℃(B 点)开始,形成 α 固相,与液相共存至 580℃(D 点)。对于相变发生在恒定温度(相对于相变潜在的热交换)的纯物质来说,本构关系有很大不同。例如,在 660.3℃时,纯铝(在平衡图中铜的含量为 0%)从液相转变为

97

固相,或者在 0℃时,水的情况就是如此(当然,如果只考虑大气压下的常压下)。对应于合金熔化温度的线(根据成分变化)称为液相线,而对应于完全凝固温度的线称为固相线,如图 8.4 所示。

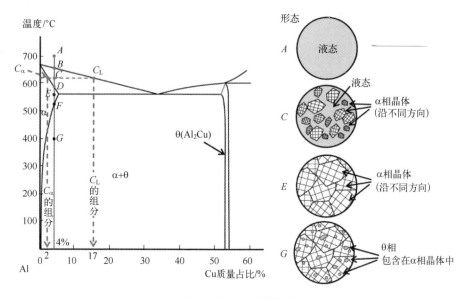

图 8.4 铝 2024 热处理

在两个相变温度(点 B 和 D)之间,能够确定每一相(α 相和液相)的百分比,以及每一相的组成。

以温度为 620℃(C 点)的 2024 合金为例。从平衡图可以看出,液相由 83%Al 和 17%Cu 组成(C_L 点对应于 C 在液相线上的投影),而固态 α 相由 98%Al 和 2%Cu 组成(C_α 点对应于 C 在固相线上的投影)。这些阶段中每个阶段的比例也可以由线段长度之间的比例确定。液体的比例等于 $CC_\alpha/C_\alpha C_L$(这里为 16%),α 相的比例等于 $CC_L/C_\alpha C_L$(这里为 84%)(称为"逆分段规则"或"包络线规则")。当然,可以验证,越接近某个领域,该领域的组分所占的比例就越大,此外,两个组分的总和必须等于 100%。此外,还可观察到,在合金冷却过程中,不仅各相的比例发生了变化,各相的成分也发生了变化。

实际上,在冷却固体的过程中,所有液态中都有 α 相。这个过程称为成核。通常,成核是由于缺陷而发生的。如在原子周围有非必需元素的存在,合金的组成永远不会是最单纯的,不可避免地会包含其他元素。

一旦经过了 D 点,合金就完全是固态的,由单一的 α 相组成。换句话说,铝和铜化合物是完全可固溶的,形成一个相干的原子排列。这些相干的原子排列在很小的距离内,形成了材料的颗粒。一个典型的颗粒大小大约是 1/10mm。这些颗粒在晶体排列方面彼此不同(一般来说,排列是随机的),晶粒在上述的成核位置生长。

在 D 和 F 之间,没什么变化。如果继续在 F 点以下冷却,α 相就无法溶解所有的 Cu,导致 α 相中形成 θ 相(由 Al_2Cu 组成)。如上所述,可以同样确定 α 相和 θ 相的组成,并通过逆分段法则确定这些相的比例。例如,在 400℃(点 G),得到 95% 的 α 相和 5% 的 θ 相。在实际应用中,Cu 原子以块状夹杂物(相当于块状的沉淀)的形式从 α 溶液中分离出来,在 α 相中形成 θ 相夹杂物。这一现象是由于 Cu 原子在 α 相中的扩散造成的。在实践中,这种现象是缓慢的,经常可以通过淬火的手段来阻止。淬火是通过将合金浸入水、油中或偶尔简单地通过冷气流来实现的快速冷却(最著名的淬火例子是铁匠将炽热的剑浸入水中)。在淬火的情况下,得到的材料不是平衡图所反映的混合物,而是一种非平衡混合物。事实上,回想一下平衡图,正如它的名字所传递的信息,确定合金在平衡点的平衡状态。在实践中,合金必然趋于向平衡状态发展,但在某些情况下,这个过程发生得非常缓慢。换句话说,这段时间可能会比结构的使用时间长得多。

现在回到铝 2024 的热处理。正如在平衡图中,固溶处理阶段的作用是产生均匀的 α 相。(500±10)℃ 的温度并不完全符合所呈现的铝/铜平衡图,因为添加其他化合物在一定程度上也会修改该相图。约 10min 的固溶处理时间有助于溶解任何可能在材料发展过程中形成的 θ 相沉淀物(铜原子必须有足够的时间在 α 相中扩散)。还应该记住,如果所讨论的工件很厚,将很难获得均匀的温度(较厚或较薄的金属板)。

接下来,在水中进行淬火,以便将材料的结构固定在这个 α 相中,得到过饱和溶液,因为铜在 α 相溶液中的比例比它在常温下应有的比例要大。在实际中,金属薄板从熔炉中取出,然后浸泡在水池中。这一过程必须迅速进行,以避免冷却,从而避免 θ 相沉淀的形成。然后得到了硬度和弹性极限较低的材料(σ_e 约为 150MPa),但具有良好的延展性。

如果合金保持在室温,将形成 θ 相沉淀,增加其硬度和弹性极限(同时降低延展性)。这样,可以获得高达约 300MPa 的弹性极限。这些沉淀物比不淬火就能得到的沉淀物小得多,数量也多得多。因此,它们的表现要好得多,这解释了为什么弹性极限得以显著增加。注意,为了增加弹性极限,必须限制位错的运动,如通过沉淀。实际上,尽管通过熟化获得的硬化是令人感兴趣的,但需要很长的熟化期,并且通常被忽略,而在几个小时内就逐渐恢复到大约 200℃ 的中间温度,如图 8.5 所示。

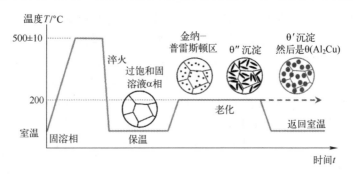

图 8.5 铝 2024 热处理

在老化开始时,铜原子重新组合形成称为金纳-普林斯顿(Guiner-Preston)区的聚集体。在 θ 相阶段,沉淀物(这一阶段的 θ 相组成略有不同,形成的晶体结构不同)变成片状晶体。通过对 θ 片晶的加工,可以显著提高铝 2024 的硬度和弹性极限(当然,断裂韧性也会同时降低),这就是沉淀硬化。如果继续老化,则会析出 θ 相,从而使硬度进一步小幅提高。此时,阻止了铝 2024 的老化。正是通过合理地混合 θ′相和 θ″相,才能获得最佳的弹性极限。如果保持老化,将获得 θ′相和 θ″相的重组 θ 相,并且由于该相颗粒更粗大,将降低弹性极限。显然,知道了铝 2024 合金不能在高温下使用的原因:为了避免 θ 相的形成。在实际中,铝 2024 合金的使用被限制在 160℃ 以下。在更高的温度时,需要使用钛或钢。

铝合金的硬化过程是在 20 世纪初发现的,但直到 1938 年才由金纳-普林斯顿给出解释。后来在 1950 年,随着透射电子显微镜的发明,人们观察到了 θ 相、θ′相和 θ″相。

这种沉淀硬化的概述应该对伴随新合金发展而来的复杂性有所了解。事实上,金属加工工艺必须选择材料组成和相关的热处理工序,以便以最低的成本获得所需的力学性能。化学成分的可选择性是无穷的,热处理的种类也同样是无穷的,所以金属加工工艺的选择也是无限的。

本节对铝 2024 热处理的概述被大幅删节,感兴趣的读者可参考文献[3,8,13-15,17]。

8.3 碳/环氧树脂复合材料 T300/914

本节介绍的是一种广泛用于航空结构的碳/环氧树脂复合材料:T300/914。

由于复合材料的高性能/质量比,其在工业中的应用越来越广泛,当然,因为质量标准对相关结构的至关重要性,这在航空和航天领域尤为重要,如图 8.6 所示。这种高性能/质量比是由于使用了具有高特定力学特性的材料,如碳纤维、玻璃纤维或凯夫拉(Kevlar)纤维。

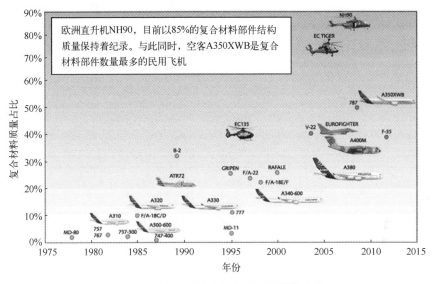

图 8.6 复合材料在空客结构中的质量占比

然而,这些材料的主要缺点是存在着较高的脆性,因此必须与脆性不高的环氧树脂型材料一起使用。这是复合材料的基本思想,即根据应用通常以较长或较短的纤维形式,寻求通过较低性能但较不易断裂的基质(通常为环氧树脂)来增强高性能但易断裂的材料。尽管名称本身并不会说明这种关系,但复合材料不是一种材料,而是至少两种材料的组合,它们的特性通常具有互补性。在两种材料的结合过程中,在两者之间产生了界面,该界面在复合材料本构关系中也起到一定作用。

特别是,考虑由 50%(体积分数)碳纤维和 50%环氧树脂制成的第一代碳/环氧树脂复合材料 T300/914,传统上在航空领域使用。其中 T300 指的是碳纤维(Toray 公司制造)的参考值,914 是环氧树脂的参考值。这种复合材料是0.1~0.2mm 厚的纤维,如图 8.7 和图 8.8 所示,可以切割和铺层,以达到所需的厚度。

如果沿纤维方向进行测试,称为纵向,如图 8.9 和图 8.10 所示,类似于纤维的脆性弹性本构关系。拉伸强度明显低于纤维的拉伸强度,因为大约 50%是树脂,其拉伸强度较低。这种环氧树脂是必要的,以便提供一种脆性较差的材料,并使该材料易于成形。就其力学特性而言,碳纤维确实有非常有趣的特征,但是却不易成形为所需的几何形状。此外,当出现垂直于材料中纤维方向的裂纹时,会引发大量的纤维裂纹和纤维脱粘,需要消耗大量的能量,使材料脆性变差。在实践中,这种裂纹趋向沿平行于纤维的方向延伸,这就意味着其他层应该沿着不同的方向铺设,以便在所有加载方向上使材料得到增强(基本上,可以证明有四个方向0°、+45°、-45°和90°应该足够了)。这种材料称为复合材料叠层铺设,与单一纤维方向的复合材料相反,单一纤维方向的复合材料也称为单向复合材料。

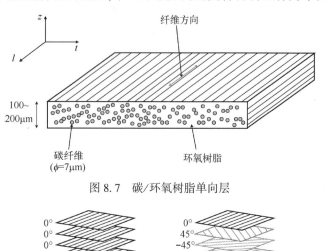

图 8.7　碳/环氧树脂单向层

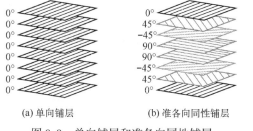

图 8.8　单向铺层和准各向同性铺层

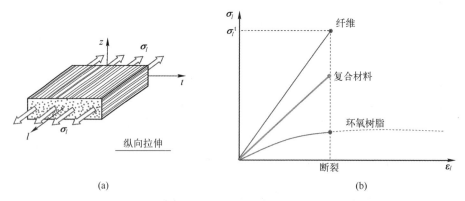

图 8.9　复合材料纵向拉伸试验:纤维、树脂和复合材料本构关系

复合材料的实际结构远比金属类型的同质标准材料复杂得多,需要自己设计。复合材料结构的设计要求材料开发和结构同时研制,这是金属结构和复合

第8章 航空结构材料的物理特性

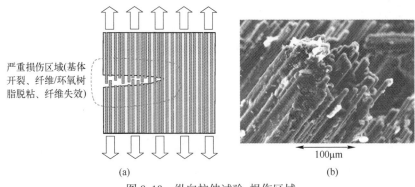

图 8.10 纵向拉伸试验：损伤区域

材料结构研制的根本区别。除了金属结构在几何方面的常规设计迭代更新之外，复合设计还需要在材料设计方面进行更新迭代。因为很明显，这两种类型的更新迭代是密切相关的。在实践中，必须在结构几何的常规步骤中增加关于铺层顺序或复合材料制造的决策。

如果根据密度比较主要结构材料的弹性模量和强度，如图 8.11 和图 8.12 所示，可以观察到复合材料的性能令人印象深刻，特别是与金属相比。陶瓷材料也非常令人印象深刻，尽管它脆性太高，以至于不适合用于结构的使用。

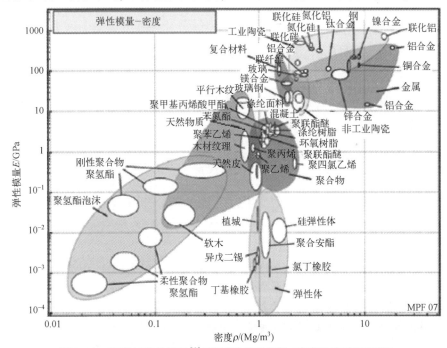

图 8.11 密度与弹性模量[2]（碳纤维增强塑料/玻璃纤维增强塑料）

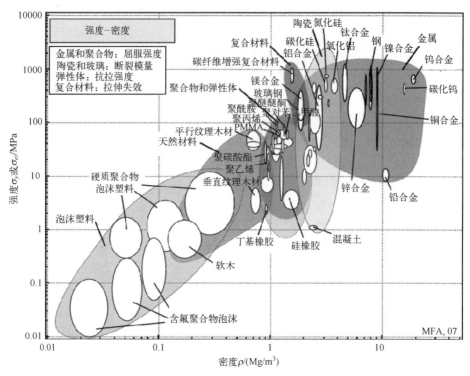

图 8.12 强度与密度[2]（碳纤维增强塑料/玻璃纤维增强塑料）

本段介绍的 T300/914 概述被大幅删节，感兴趣的读者可参考文献[5,9,20,22]。

接下来将详细讨论复合材料的组成和微观结构，特别是环氧树脂的组成和微观结构。

8.4 聚 合 物

环氧树脂基体是通常称为塑料的更广泛的聚合物家族的一部分。"塑性"一词源于聚合物的力学本构关系，通常表现为塑性变形，即当应力完全释放时，变形不会恢复为零。

顾名思义，聚合物是由共价键结合在一起的单体链组成的，出于目前的应用目的，把研究范围限制在有机聚合物上。有机质是由各种形式的生物（蔬菜、真菌、动物和微生物等）组成的，尤其是通过它们的降解。相比之下，无机物质或矿物质是由玻璃、金属、陶瓷或岩石组成的。

有机聚合物是以单体链为基础的，而单体本身又是以碳原子为基础的。碳

-碳共价键很强,因此具有较高的力学性能。这些碳-碳键是构成聚合物材料基本结构的大分子的基础。除了这些强键外,这些大分子之间还通过弱键(氢键、范德华键等)结合在一起。正是这些弱键的变形导致了聚合物产生显著的塑性变形。

以聚乙烯为例,如图 8.13 和图 8.14 所示,它是最简单并且最便宜的聚合物之一,由乙烯单体(CH_2=CH_2)聚合而成,从而产生长链。这些链条之间通过简单的弱键结合在一起,因此,获得的力学性能仍然很弱,并且非常依赖于温度。

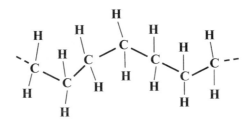

图 8.13 聚乙烯结构

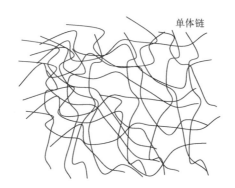

图 8.14 单体链中的聚合物结构

例如,如果根据温度探究弹性模量,可以得到一条分成三部分的特征曲线,如图 8.15 所示,从而描绘出该材料的两个特征温度:玻璃化转变温度 T_g 和熔融温度 T_m。温度在 T_g 以下,材料的本构关系与固体材料相同;温度在 T_m 以上,它的本构关系是(或多或少是黏性)流体的本构关系;在这两个温度之间,观察到一种类似橡胶的本构关系,其特征是非常低的刚度和很高的变形能力。通常,在高于 T_g 的温度下,聚合物不能用作结构材料或复合材料的树脂(尽管存在一些例外,例如,超过 T_g 的温度只是暂时的聚合物)。

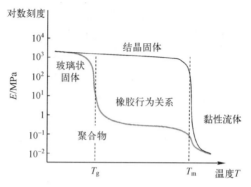

图 8.15 聚合物刚度随温度变化

由于所涉及的分子链之间只有弱键(氢键、范德华键等),所以会出现这种橡胶本构关系。这意味着加载时,它们可以重新排列,与载荷重新对齐。这种聚合物称为热塑性塑料,因为它的塑性取决于温度。

如果在远低于其玻璃化转变温度 T_g(图 8.16 中的 T_1)下进行拉伸试验,如图 8.16 所示,会获得脆性线弹性本构关系。如果提高温度,同时保持低于玻璃化转变温度(图 8.16 中的 T_2),那么会观察到与黏弹性相关的非线性。黏弹性是介于弹性和黏性本构关系之间的一种,弹性要求一旦外力被去掉,变形就恢复到 0,而黏性则要求材料以液体的形式流动。

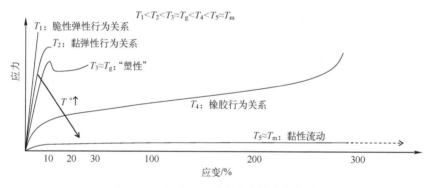

图 8.16 聚合物随温度变化的本构关系

黏弹性本构关系严重依赖于应力变化率。当快速施加应力时,材料会立即有反应,就像弹性材料一样。当缓慢施加应力或长时间保持时,材料趋于像黏性流体一样流动。

如果把温度提高到 T_g(图 8.16 中的 T_3),就观察到了材料的"塑性"。但在这里,"塑性"的含义取该词的塑性意义,即力一旦去掉就不回到初始状态,与金属材料的塑性无关。这种"塑性"是由于分子链受到载荷拉伸,一旦拉伸,就无法恢复到自然状态。

如果把温度提高到 T_g 以上(图 8.16 中的 T_4),那么就获得了橡胶弹性。这种弹性类似于具有高度非线性本构关系的弹性体(曲线从软化开始,然后进行硬化),但总是在去掉应力时变形恢复到 0(或几乎为 0)。

如果将温度进一步提高到熔融温度 T_m 附近,那么就得到了具有非线性和完全塑性的黏性流体的本构关系;当应力释放时,材料保持在变形状态,没有恢复弹性。

如果希望增加聚合物的力学性能,就要在分子链之间建立共价键来阻止分子链的相对运动。这种现象称为交联。

如果交联度显著,则称为热固性聚合物(或热固性,在此采用广泛使用的缩写复合词 thermoset)。或者如果没有交联,则称为热塑性聚合物(thermoplastic)。应该注意的是,术语"热固性"源于允许交联的化学反应被温度激活的事实。虽然这在制造过程中是正确的,但一旦聚合物已经交联,情况就不同了,如图 8.17 所示。

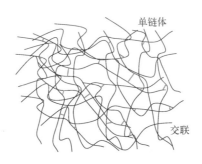

图 8.17 单体链之间的二级键:交联

第三类聚合物是弹性体,其性能介于热固性塑料和热塑性塑料之间。一般说来,弹性体具有较低水平的交联,其特征在于基于硫的不同类型的共价键(称为硫化)。这些硫基键为它们提供了非常高的弹性(很大程度上是非线性的)。

从弹性模量随温度的变化中,能够通过不太明显或没有玻璃化转变以及没有熔融温度来区分热固性聚合物和热塑性聚合物,玻璃化转变是由于热搅拌使弱键断裂。尽管如此,对于热固性塑料表现出明显的交联,而由于交联网格的存在,使得超过玻璃化转变温度 T_g 持续存在,当温度高于玻璃化转变温度 T_g 之后,仍能赋予热固性塑料良好的力学本构关系,如图 8.18 所示。如果继续提高温度,则物质分解,即以各种气体和残留物(一氧化碳、二氧化碳、氢气等)的形式分解。

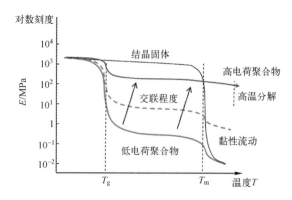

图 8.18　随温度和交联程度变化的聚合物刚度

用化学术语来说,这种热固性/热塑性差异(作为第一近似)是由合成聚合物的化学反应类型不同导致。热塑性塑料是通过简单的加成反应或加聚(使交联键的形成变得困难)获得的,而热固性塑料是通过缩合反应或缩聚(引发更多交联)获得的。这个过程也称为将这两种反应重新组合的聚合反应过程。

聚合物网格中交联的存在(或不存在),不仅完全改变了聚合物的力学本构关系,还改变了其制造和回收过程。热固性塑料一旦被制造完成,则在缩聚反应过程中其热固性形态可一直保持。因此,必须在这种热固性反应之前就设定成各自所需的形态,并且不能在之后被重塑。上述碳/环氧树脂复合材料 T300/914(环氧树脂是热固性聚合物),通常以 0.1~0.2mm 厚的薄膜形式出现,包含约 50% 的环氧树脂基体和 50% 的碳纤维(纤维直径约 7μm),称为预浸料。"预浸料"这个名词源于纤维被树脂预浸渍。这种树脂由单体和硬化剂组成,有利于聚合化学反应。为了避免预浸料的聚合,必须在低温下保存(通常在 20℃ 的冰箱中),并且有效期相当短(通常在 1~2 年)。预浸材料必须在整体加热之前装配起来以便制作所需要的部件。这种加热最初用于使树脂熔化(或者更准确地说,降低其黏度),从而使部件具有一定的形状。这是一个特别微妙的阶段,因为必须抽空预浸料坯中存在的所有气泡,尤其是预浸料坯层中的气泡,以避免任何孔隙(以防出现裂纹,使材料脆性更高)。为了排出这些气泡,通常将热固性复合材料放置在真空板中,在真空板中实施一次抽真空,然后将整体置于压力下(5~12bar)并固化。为此,使用高压釜,如图 8.19 所示(本质上是一个大压力锅),当然,空间必须比所讨论的构件大。然而,如果需要制造飞机的机翼,可能会出现问题。

图 8.19　热固性固化高压釜

温度激活聚合反应(这里是缩聚)并固化材料,如图 8.20 所示。如果再次加热复合材料,那么除非超过热分解温度,否则不会发生更多的变化。因此,不可能对材料进行两次成型,甚至不可能对其进行回收。事实上,低温储存、有效期短以及缺乏回收利用价值构成了热固性聚合物的主要缺点。

图 8.20　预浸料卷照片

与热固性塑料不同的是,热塑性塑料不含交联结构,这意味着可以通过加热到熔点以上来重塑。因此,容易回收,可以在室温下保存,没有有效期。与热固性树脂相比,其主要缺点是力学性能较差。然而,尽管如此,目前正在测试,期待作为在航空领域热固性的替代品。在汽车领域,也正在接受重要的测试。可以通过板模复合材料(SMC)来成型,允许高产量批量生产。相比之下,热固性复合材料(如 T300/914)的特征固化周期约为 2h,而 SMC 成型的热塑性复合材料则需要几分钟,如图 8.21 所示。事实上,汽车制造商只能考虑将热塑性塑料用于生产(除了少数豪华车)。

尽管如此,通过改变分子链的形态来增加热塑性塑料的力学性能是可行的。为此,需要正确排列分子链,以便在拉伸方向上增加刚度。例如,考虑热塑性聚合物的拉伸试验。这里看到的本构关系特征分为三个阶段，如图 8.22 所示。

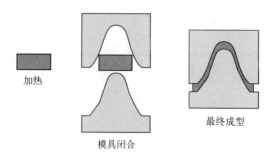

图 8.21　用于热塑性塑料加热和成型的板模复合材料

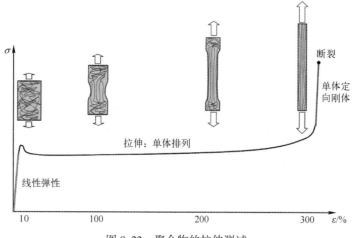

图 8.22　聚合物的拉伸测试

（1）第一阶段对应于材料的线性弹性。

（2）如果继续拉伸，就会看到一个颈缩（截面的局部收紧）和塑性行为（如果释放应力，变形不会回到 0）。可以看到与材料的拉伸和整个工件颈缩区域的变化相关的应力场。通常，最大应变在 100%～300% 量级。

（3）一旦工件拉伸，其力学行为发生了显著的硬化。如果继续拉伸，就会观察到被拉伸的分子链的断裂。这是硬化的一个特别有趣的阶段，因为在该阶段可以获得比最初的材料更坚硬的材料。

在实践中，这种拉伸可以得到纤维（例如，尼龙纤维是通过液体拉伸形式获得的）或薄膜，可以在一个或两个方向上拉伸。当然，这种拉伸并不能提供复合材料的模型，因为需要在各个方向上都具有刚度。

这样的分子链排列也可以在冷却过程中自然获得,导致结晶。事实上,可以证明,为了使能量最小化,分子会试图在某些特定的有利方向上排列,这些排列只有在没有交联的情况下才有可能,因此只有在热塑性塑料中才会出现。

如图 8.23 所示,在实践中,结晶化程度(或结晶度),即材料中晶相的比例,在组织程度最高的热塑性塑料中可以达到 80%~90%,这取决于冷却速度。冷却速度越慢,结晶程度越高。换句话说,如果想要结晶,必须给大分子足够的时间进行重组。如果冷却过快,物质就不会以特定的顺序形成,就会得到一种无定形的物质,称为玻璃态或玻璃化状态。这也是术语"玻璃化转变"的由来,因为当超过玻璃化转变温度 T_g 时,晶体消失,材料再次变成无定形状态。玻璃化转变温度过后,热塑性塑料的力学性能明显下降,部分原因是由于晶相的消失。

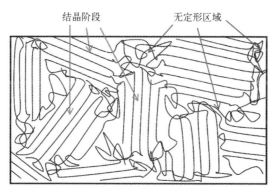

图 8.23 热塑性聚合物中的晶相和无定形区

注:窗户上常用的玻璃是一种玻璃材料(绝不是聚合物,主要由二氧化硅组成,明显是无机的)。由于它的无定形状态,是透明的,这意味着光可以穿过它,而不会与晶体网络(没有晶体网络)相互作用。

要获得力学性能令人满意的热塑性基体,不仅要选择一种有吸引力的分子,而且要开发一种促进其结晶的制造工艺。由弹性模量随温度的变化曲线可以看到(图 8.24),显著结晶的热塑性塑料的本构关系类似于具有不显著玻璃化转变温度的热固性塑料。当然,还要注意,不要使这种热塑性塑料太接近其熔化温度,以避免降低其结晶度,并促使其返回无定形状态。

目前,用于航空结构的复合材料在很大程度上是基于环氧树脂基体,因此是热固性的。目前正在考虑用两种热塑性基体来替代它:聚苯硫醚基体(PPS)和聚醚醚酮基体(PEEK)。如上所述,热塑性塑料的价值在于它的高可回收性和在常温下的长期保存性,没有有效期。另一个优点是其良好的延展性。由于热塑性塑料没有交联,在断裂前更容易变形,因此具有良好的延展性。事实上,复合材料的主要缺点之一是它的脆性,特别是在冲击之后,因此具有优异延展性的基体可以降低这种脆性。

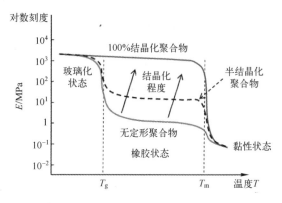

图 8.24 热塑性聚合物的刚度随温度和结晶度的变化

为了比较这三种材料,下面提供了一个对照表。必须谨慎使用表 8.4 中的这些值,尤其是考虑成本,因为这在很大程度上取决于供应商、生产量和力学性能,而力学性能又取决于结晶度和温度。表 8.4 所列为航空领域三种主要树脂的比较,这里提供的值对应于在制造过程中适当控制的环境温度和很高结晶度的测量值(换句话说,在良好条件下生产的材料)。

表 8.4 航空领域三种主要树脂的比较

	环氧树脂基体 (热固性)	PPS 基体 (热塑性)	PEEK 基体 (热塑性)
密度/(kg/dm³)	1.29	1.35	1.32
T_g/℃	190	90	143
最大工作温度/℃	110	100	260
T_m/℃	—	285	380
弹性模量/GPa	4	3.3	3.3
断裂拉应力/MPa	100	50	100
断裂韧性/(J/m²)	100~500	700	4000
价格/(€/kg)	10	10	>100

与环氧树脂相比,PPS 与其成本相近、力学性能略低的特点,但断裂韧性要高得多。其工作温度也略低于环氧树脂。

即使价格仍然令人望而却步,PEEK 也是一种特别有吸引力的替代环氧树脂的候选材料。其使用温度高达 260℃,力学性能与环氧树脂相似,但断裂韧性要高得多。然而,其加工工艺更为复杂,需要在其 T_m 以上加热才能成型,即温度接近 500℃。而对于环氧树脂,建议的温度约为 190℃。前景可期,一旦制造工艺得到完善,成本降低,预期在接下来的几年里 PEEK 的使用量会大幅增加。

这一段中介绍的聚合物的概述被大大删节,感兴趣的读者可参考文献[2,3,13,15-17]等。

第 9 章 练 习 题

9.1 应变花应力分析(罗赛特分析)

应变花应力分析仪(罗赛特)由三个延伸应变片测量仪组成,如图 9.1 所示,每个延伸应变片可以测量自身方向上的线应变。这些仪器与包含惠斯通电桥的测量链相结合,目的是用试验方法确定局部应变状态。

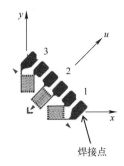

图 9.1 罗赛特 45°应变测量仪

当对力学特性为 $E=70\text{GPa}$ 和 $v=0.3$ 的结构加载时,应变片显示的相对伸长为

$$\varepsilon_1 = 1600 \times 10^{-6} \text{m/m} = 1600 \mu\varepsilon$$

$$\varepsilon_2 = 800 \times 10^{-6} \text{m/m} = 800 \mu\varepsilon$$

$$\varepsilon_3 = -1000 \times 10^{-6} \text{m/m} = 1000 \mu\varepsilon$$

应变没有单位,由于它们很小,经常将它们乘以 10^6,从而获得由 $\mu\varepsilon$ 表示的微应变。

假设材料是线性弹性、均匀和各向同性的。

问题 1

确定二维应变张量 $\boldsymbol{\varepsilon}(M)$。

问题 2

设 (x,y) 平面为自由表面,确定三维应力张量 $\boldsymbol{\sigma}(M)$。

问题 3

推导三维应变张量 $\boldsymbol{\varepsilon}(M)$。

问题 4

确定主应力和方向。

问题 5

确定最大主应力和对应面的方向。

问题 6

考虑此材料为弹性脆性材料,拉伸极限为 100MPa,请问是否会发生断裂？裂纹向哪个方向扩展？

问题 7

确定最大切应力和对应面的方向。

问题 8

确定冯·米塞斯相当应力。

问题 9

考虑到这种材料是韧性的,弹性极限为 140MPa,当使用特雷斯卡准则时,会产生塑性吗？使用冯·米塞斯准则,会产生塑性吗？

进一步应用：

在钢结构上加载的影响下 ($E = 210\text{GPa}, \nu = 0.3$),在 120° 方向的三个应变片,如图 9.2 所示,显示以下相对伸长为

$$\varepsilon_1 = -800\mu\text{m/m}$$

$$\varepsilon_2 = 1100\mu\text{m/m}$$

$$\varepsilon_3 = 1100\mu\text{m/m}$$

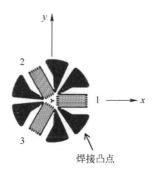

图 9.2 罗赛特 120°应变测量片

问题相同。

9.2 纯剪切

证明图 9.3 所示的状态为纯剪切状态:

$$\boldsymbol{\sigma} = \begin{bmatrix} 100 & 100 & 0 \\ 100 & -100 & 0 \\ 0 & 0 & 0 \end{bmatrix} (\text{MPa}) \tag{9.1}$$

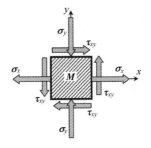

图 9.3 剪切正方形

接下来在主应力坐标系和最大切应力坐标系中写出应力张量。

9.3 弹性固体的压缩

材料特性为 E 和 ν，可以通过横截面为 S 的活塞压缩在圆柱形外壳中，如图 9.4 所示。外壳和活塞可以看成是不可变形的。假设材料是线性、均匀和各向同性的。

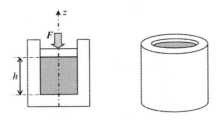

图 9.4 圆柱体在约束下的压缩

问题 1

确定被压材料任意点 P 的应变张量 $\boldsymbol{\varepsilon}(P)$ 和应力张量 $\boldsymbol{\sigma}(P)$。

问题 2

计算活塞位移。

问题 3

在什么条件下这个位移为 0?

9.4 重 力 坝

对于图 9.5 所示的混凝土重力坝,有

$\rho_c = 2500 \text{kg/m}^3$, $\quad E = 2\text{GPa}$, $\quad \nu = 0.3$, $\quad \sigma^{\text{tens}} = 2.5\text{MPa}$, $\quad \sigma^{\text{comp}} = -25\text{MPa}$

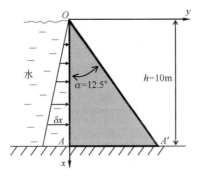

图 9.5 重力坝

由三条线分隔:OA、AA' 和 OA'。大坝承受自身重量和 y 方向上水压 δx 产生的力。假设与 z 方向有关的力和应力可以忽略不计。

问题 1

确定 δ。

问题 2

假设应力沿 x 和 y 呈线性,确定结构所有点的二维应力张量。

问题 3

在大坝的边缘(为了方便起见,实际上,可以证明在大坝的边缘是应力最大的),给出最大和最小正应力的点,方向指向。推断大坝将如何决堤。在实践中,在这一点上如何加固大坝。

9.5 剪 切 模 量

考虑一个承受应力状态的正方形,如图 9.6 所示:

$$\boldsymbol{\sigma} = \begin{bmatrix} \sigma_x & 0 & 0 \\ 0 & \sigma_y & 0 \\ 0 & 0 & 0 \end{bmatrix} \tag{9.2}$$

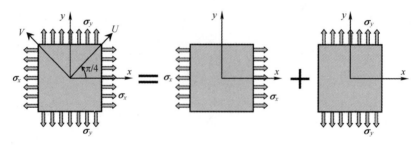

图 9.6 切应力分析

假设材料是线性弹性的、均匀的和各向同性的。其中：E 为弹性模量；ν 为泊松比。

问题 1

当只有 σ_x 时，确定应变张量。

问题 2

当只有 σ_y 时，确定应变张量。

问题 3

利用叠加原理，同时存在 σ_x 和 σ_y 时，推导出应变张量。

问题 4

现在，考虑一种特殊情况，即 $\sigma_y = -\sigma_x$，确定应变张量。

问题 5

$(\boldsymbol{x}, \boldsymbol{u}) = \dfrac{\pi}{4}$，确定 (u, v) 基中的应力张量和应变张量。

推导剪切模量 G，由 $\tau_{xy} = G\gamma_{xy}$ 定义，并与 E、ν 相关。

9.6 复合材料的模量

如图 9.7 所示，考虑由 x 方向的碳纤维（$E_f = 200\text{GPa}$）和环氧树脂（$E_r = 10\text{GPa}$）组成的复合材料。V_f 是纤维的体积分数，V_r 是树脂的体积分数（$V_f + V_r = 1$）。

在 x 方向上对这种复合材料施加拉伸作用。

问题 1

假设两种材料承受相同的应变，确定复合材料的模量。

问题 2

假设两种材料承受相同的应力，确定复合材料的模量。

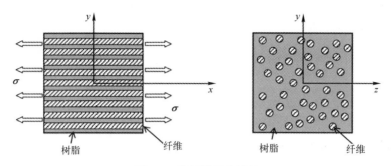

图 9.7 长纤维复合材料

问题 3

两个假设中哪一个更合理？如果在 y 方向拉伸呢？

问题 4

描绘这两种假设下获得的模量与纤维体积分数的关系。

注：当假设均匀应力时获得的模型称为福伊特(Voigt)极限，而当假设均匀应变时获得的模型称为鲁斯(Reuss)极限。可以证明，福伊特模型是一个上限，鲁斯模型是一个下限。在实践中，获得的值：纤维方向上拉伸，接近福伊特极限，而基于颗粒增强复合材料时，接近鲁斯极限。

9.7 圆轴扭转

如图 9.8 所示，半径为 R、高度为 h 的圆柱固定在地面上。假设材料是线性弹性、均匀和各向同性的。

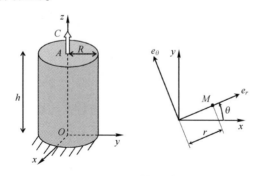

图 9.8 圆轴扭转

现在顶部施加扭矩 C，观察运动，有：

每个直横截面在其平面上绕 z 轴旋转一个小角度 $d\alpha = kz$（k 与长度成反比，k

119

≪1/h），截面 z=0 保持固定约束不动。

问题 1
求点 $M(r,\theta,z)$ 的位移场。

问题 2
推导应变张量。

问题 3
确定主应变和主方向。

问题 4
确定体积膨胀。结果可以预测吗？

问题 5
确定应力张量，推导 k 和 C 的关系。

问题 6
证明已经确定的位移场、应力场和应变场是这个问题的解。

问题 7
假设材料是弹性和脆性的，在哪点会断裂？扭矩力偶 C 是多少？裂纹会出现在哪个方向？用粉笔测试一下。

问题 8
使用相同的材料并保持相同的断裂扭矩值，需要减少圆柱的质量。如何改变它的横截面？

9.8 塑性压缩

如图 9.9 所示，考虑在 x 方向尺寸为 a 的铝立方体承受压应力 σ。假设应力应变行为关系完全是弹塑性的(流动应力假定为常数)，模量 $E=70\mathrm{GPa}$，弹性极限 $\sigma_0=400\mathrm{MPa}$。

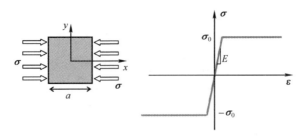

图 9.9 塑性压缩

问题 1

实际上，当立方体厚度趋向于 0 时，可以预期应力趋向于负的无穷大。表明该结果与期望的弹塑性本构关系一致，真实应力/应变与工程应力/应变不要混淆。

推导测试中获得的作用力/位移曲线。

问题 2

实际情况是，当进行该测试时，得到了压缩桶效应，如图 9.10 所示。

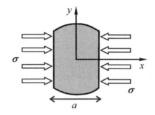

图 9.10 压缩桶效应

这是为什么？打算如何解决这个问题？如果使用更长的试件会怎么样？

问题 3

现在进行二向压缩试验，如图 9.11 所示。

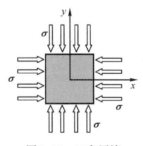

图 9.11 二向压缩

在什么应力下，材料会出现塑性？

问题 4

进行这种测试的一种方法是用梁压在立方体上。在此处显示的示例中，通过 256 根横截面为 $1mm^2$、长度为 12mm 的梁压在边长为 2cm 的立方体面上，如图 9.12 所示。

使用这些梁有什么好处？

问题 5

如果采用三向压缩测试，在什么应力下会达到塑性？

把手　试件　256梁

图 9.12　杆的压缩

9.9　双向材料梁的拉伸

如图 9.13 所示,由两种分别具有各自特性 E_1、ν_1 和 E_2、ν_2 的均匀、各向同性材料制成的梁,受到拉伸力 F 作用。

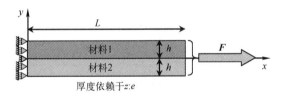

图 9.13　双层材料梁的拉伸

第 1 部分:纯拉伸

假设应力场的形式为

$$\boldsymbol{\sigma}_1 = \begin{bmatrix} \sigma_{x1} & 0 & 0 \\ 0 & 0 & 0 \\ 0 & 0 & 0 \end{bmatrix}, \quad 其中材料 1, \quad \sigma_{x1} = a_1$$

$$\boldsymbol{\sigma}_2 = \begin{bmatrix} \sigma_{x2} & 0 & 0 \\ 0 & 0 & 0 \\ 0 & 0 & 0 \end{bmatrix}, \quad 其中材料 2, \quad \sigma_{x2} = a_2$$

问题 1

讨论这个选择。

问题 2

写出边界条件,推导出 a_1、a_2 和 F 之间的关系。

问题 3

确定应变场。

问题 4

在材料 1 和材料 2 之间的边界处写下连续性条件,假设是严丝合缝全部黏结在一起的。推导应力场并作图。

应用:材料 1 为钢(E_1 = 210GPa,ν_1 = 0.3),材料 2 为铝(E_2 = 70GPa,ν_2 = 0.3)。为简化计算,使用:$E_1 = 3E_2$ 和 $\nu_1 = \nu_2$。

问题 5

确定位移场。

问题 6

确定双层材料显示的平均模量。

问题 7

确定力 F 的施加点,在现实中如何进行测试?

第 2 部分:拉伸/弯曲

要在 $y = 0$ 的点上施加 F。

问题 8

证明:如果假设纵向应变为

$$\varepsilon_x = a + by \tag{9.3}$$

在两种材料中只有 σ_x 不是 0 的应力状态,可以求解这个问题。绘制梁中的应力和应变场。

9.10 梁的热膨胀

第 1 部分:单层材料梁

如图 9.14 所示,考虑一个钢梁,假设是线性弹性、均匀和各向同性的,如图 9.14 中材料 1 所示,具有以下特征:E_1 = 210GPa,ν_1 = 0.3,$\alpha_1 = 12 \times 10^{-6} \text{K}^{-1}$。

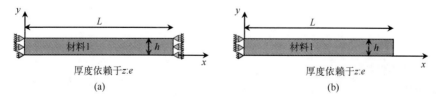

图 9.14 受约束梁和自由梁的热膨胀

高度 $h = 5\text{mm}$ 的梁在温度 $T_0 = 20℃$ 时处于平衡状态,并加热到温度 $T = 120℃$。

问题 1

假设梁在两端受到约束,确定应变场和应力场。

问题 2

假设梁是自由的,确定应变场和应力场。

第 2 部分:双层材料梁

如图 9.15 所示,考虑由钢和铝制成的双材料梁,钢表示为材料 1,铝表示为材料 2,具有以下特征:

钢 　$E_1 = 210\text{GPa}, \nu_1 = 0.3, \alpha_1 = 12×10^{-6}\text{K}^{-1}$。

铝 　$E_2 = 70\text{GPa}, \nu_2 = 0.3, \alpha_2 = 24×10^{-6}\text{K}^{-1}$。

假设这两种材料为线性弹性、均匀和各向同性的。

为了简化计算,取: $E_1 = 3E_2$ 和 $\nu_1 = \nu_2$。

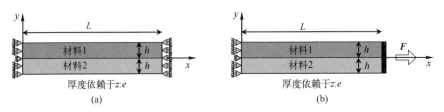

图 9.15　约束和自由符合材料梁的热膨胀

问题 3

假设梁的两端都固定,确定两种材料的应变场和应力场。

问题 4

假设梁是自由的,确定应变场和应力场。在这种情况下,假设在梁的末端有一个板,该板束缚左侧两端和右端自由的两端。因此,在 $x = L$ 的横截面(而不是在每个点)上需要验证梁两端的边界条件。

9.11　切应力作用下的单元体

如图 9.16 所示,将一个钢立方体,在 x 方向上施加两个力 F,在 z 方向上施加两个力偶矩 M。

问题 1

确定 M 与 F 的关系,使立方体处于平衡状态。

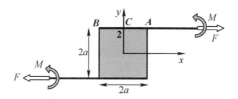

图 9.16 切应力下的立方单元体

$\sigma_x = 0, \sigma_y = 2Kxy$ 以及 $\tau_{xy} = K(a^2 - x^2)$。

问题 2

证明这个应力张量就是问题的解。推导出 K 与 F 的关系。

问题 3

在正方形的四边画出这些应力。

问题 4

假设材料是弹性和脆性的(断裂问题对应的最大应力准则),将在哪点断裂(如果继续增加 F),裂纹将出现在什么方向?

问题 5

假设材料具有延展性(特雷斯卡弹性极限准则),在什么时候开始出现塑性?如果继续增加 F,会发生什么?

9.12 受压球形罐

可储存推进剂部分(Eage à Propergols Stokes, EPS)是阿丽亚娜 5 号的上一部分,其作用是调整与目标轨道相关的有效载荷轨道进入,并确保定向和分离。它位于发射器内部,不会暴露在外部条件下。其设计很简单:EPS 是一个截断的锥形加压级,没有涡轮泵,安装在舱室和有效载荷适配器之间,由空中客车防务和太空公司承担设计生产,结构重 1200kg,由四个铝储罐组成,总共装有 9.7t 传统的一甲基肼(MMH)推进剂和自燃液体(3200kg 和 6500kg)。从截开部分的剖面图来看(图 9.17),EPS 的结构类似于一个铝蜂窝状结构,包括一个支撑电机的球帽,四个储气罐和两个氦储罐(400bar 压力下的碳纤维)。

推进剂储存库的两个氦气罐(34kg)在 400bar 压力下,通过减速器减至 21bar。在没有涡轮泵将燃料吸入储油罐的情况下,这两种推进剂通过压力注入到燃烧室,外面是真空的。

目标是确定氦气罐球体的大小。假设这些储气罐是由具有 E 和 ν 特征的均匀、线性弹性和各向同性材料组成的。因此,可将材质的拉梅参数定义为

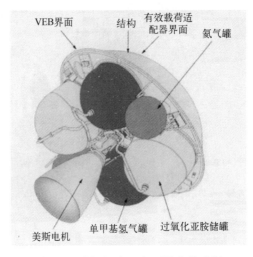

图 9.17　阿丽亚娜 5 级可储存推进剂

$$\begin{cases} \lambda = \dfrac{E\nu}{(1+\nu)(1-2\nu)} \\ \mu = \dfrac{E}{2(1+\nu)} = G \end{cases} \quad (9.4)$$

如图 9.18 所示，标记 $R = 300$mm 为储气罐的内径，e 为厚度，$P = 400$bar 内压。假设材料是线性弹性、均匀和各向同性的。

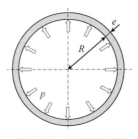

图 9.18　压力储气罐

在这个问题中，使用球坐标 r、θ 和 φ（忽略体积力）。

问题 1

假设给定一个可以接受的运动位移场，其形式为

$$\boldsymbol{u}(r,\theta,\varphi) = u(r)\boldsymbol{e}_r \quad (9.5)$$

验证这个结果。

问题 2

给出这个问题的所有边界条件。

问题 3

纳维(Navier)方程是什么？求解这个方程：

$$\mu\Delta u+(\lambda+\mu)\mathbf{grad}(\mathrm{div}u)+f=0 \tag{9.6}$$

问题 4

表示罐体任意点 M 处的应变张量。

问题 5

表示罐体任意点 M 处的应力张量。

问题 6

利用问题 2，根据问题的已知数据确定积分常数。

问题 7

罐体积是随变形增大还是减少？

问题 8

可以认为 $e/R<1$。按一阶展开成有限项，给出 σ_r、σ_θ 和 σ_φ 的近似表达式。

问题 9

考虑到罐体由铝制成，且具有以下特点，求罐体厚度 e 的最小值：

$\rho=2700\mathrm{kg/m^3}$, $E=70\mathrm{GPa}$, $\nu=0.3$, $\sigma^{el}=350\mathrm{MPa}$

推导罐体质量。

问题 10

求罐体的最小厚度 e，考虑到它是由环氧树脂/碳纤维制成的，具有以下特性：

$\rho=1800\mathrm{kg/m^3}$, $E=70\mathrm{GPa}$, $\nu=0.3$, $\sigma^{tens}=700\mathrm{MPa}$, $\sigma^{comp}=-400\mathrm{MPa}$

在平面内是各向同性的，但在面外方向上不是各向同性的(实际上，只有树脂在平面外方向工作，模量约为 10GPa，拉伸极限约为 100MPa，压缩极限约为 $-200\mathrm{MPa}$)。

推导储罐质量并与铝储罐质量进行比较。

问题 11

问题 8 中的假设看起来是合理的吗？

问题 12

求出 σ_θ 和 σ_φ，利用从固体静力学平衡特性导出的计算。为此，将球体分为两个半球，并将静力学平衡的基本原理应用于其中一个半球。结果与问题 8 中得到的结果相似吗？

9.13 塑 性 弯 曲

如图 9.19 所示，一根长为 L 的铝梁($E=70\mathrm{GPa}$, $\sigma_e=300\mathrm{MPa}$)，其矩形截面

高度 h,宽度 b,在 $x=0$ 处约束固定,并在 $x=L$ 处受到力 F 的作用。

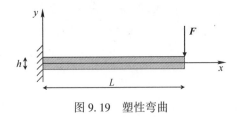

图 9.19　塑性弯曲

问题 1

考虑弹性结构。假设水平 x 横截面的纵向应力 σ_x 在 y 方向上是线性的:

$$\sigma_x = K(x)y \tag{9.7}$$

确定 $K(x)$ 系数,并证明:

$$K(x) = \frac{-Mfz}{I_z} = \frac{12F(L-x)}{bh^3} \tag{9.8}$$

绘制梁中的应力场 σ_x 和应变场 ε_x。

问题 2

确定塑性出现的位置以及弹性力极限 F_e 的值。

问题 3

假设材料是完全塑性的,如图 9.20 所示。

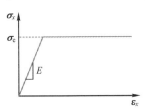

图 9.20　完全塑性

绘制试验期间横截面上的应力场(随着 F 逐渐增加)。假设应变场 ε_x 与 y 有关的线性仍然有效(对于应力 σ_x,情况肯定不是这样)。

梁中的塑性将如何变化?

定性地绘制作用力 F 随挠度 δ 的变化,特别是确定最大作用力 $F_{\max}$。

问题 4

如果在塑性开始后卸载,会发生什么?在与挠度相关的作用力曲线上绘制此变化。

定性确定横截面 $x=0$ 的应力场。

9.14 径向拉伸圆盘

如图 9.21 所示,考虑 z 轴 (O,z) 的薄钢圆盘,其内径 $a=50\text{mm}$,外径 $b=200\text{mm}$。厚度 e 比其他尺寸小得多。假设材料是线性弹性的、均匀的和各向同性的。

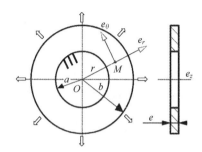

图 9.21 径向拉伸圆盘

在其周围,圆盘承受 $P=100\text{MPa}$ 的压力,并在其内径上约束固定。

第 1 部分:传统方法

问题 1
用什么假设可以与这个问题联系在一起?推导出应力和应变张量的形式。

问题 2
证明下面位移场的选择是正确的:
$$\boldsymbol{u}(M) = u(r)\boldsymbol{e}_r + w(z)\boldsymbol{e}_z \tag{9.9}$$
根据与位移表达式中的局部平衡方程,推导出由该位移场验证的微分方程。

问题 3
确定积分常数的有用的边界条件。推导径向位移 $u(r)$ 的表达式。

第 2 部分:基于能量的方法

问题 4
在 r 的线性位移场中选择一个可以采用的运动位移场(考虑问题的位移边界条件)。

讨论平面应力假设?为了实现平面应力的假设,建议选择位移场吗(但以后不要使用)?

问题 5

计算固体中的弹性应变能。

问题 6

计算作用在结构上的外力功。

问题 7

用里兹法推导出选定位移场的未知系数。

问题 8

将此近似解与之前获得的精确解进行比较。特别是比较 $r=a$ 和 $r=b$ 时的应力 σ_r 和 σ_θ，结论是什么？

在现实中，这种差异很大一部分是由平面应力的假设引起的。如果重做这个练习的第一部分，选择平面应力的假设(厚板采用的假设)，会发现：

$$u(r) = A''\left(r - \frac{a^2}{r}\right) \tag{9.10}$$

$$A'' = \frac{P}{2\left(\lambda + \mu\left(1 + \dfrac{a^2}{b^2}\right)\right)} \tag{9.11}$$

因此，$r=b$ 时的位移为 0.047mm。

9.15 弯曲梁:里兹法求解

现在讨论简支梁的弯曲，如图 9.22 所示。

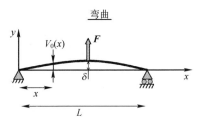

图 9.22 简支梁的弯曲

问题 1

提出一种仅依赖于参数 δ (梁中心挠度)的梁中性轴的正弦波形变形形状 $V_0(x)$。

问题 2

假设横截面保持平面且垂直于梁的中性轴，推导出整个梁的位移场 $u(x,y)$ 和 $v(x,y)$。

问题 3
推导应变场。

问题 4
推导出应力场,绘制图像并讨论。

问题 5
应用里兹法求挠度 δ 与弯曲力 F 的关系。
将该数值近似解与精确解进行比较:

$$f = \frac{FL^3}{48EI_z} \tag{9.12}$$

9.16 开孔板的应力集中

如图 9.23 所示,半径为 R 的圆孔板的应力场,相对于板的尺寸而言,这个圆孔可以看成是非常小的。这个板在 x 方向无限长,受到 σ_0 的拉应力。

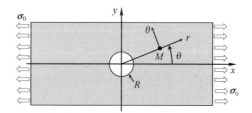

图 9.23 开孔板拉伸试验

该板是薄板,假定为平面应力:

$$\boldsymbol{\sigma}(M) = \begin{bmatrix} \sigma_r & \tau_{r\theta} & 0 \\ \tau_{r\theta} & \sigma_\theta & 0 \\ 0 & 0 & 0 \end{bmatrix}_{(r,\theta,\varphi)} \tag{9.13}$$

可以将应力表示为

$$\begin{cases} \dfrac{\sigma_r}{\sigma_0} = \dfrac{1}{2}\left[1 - \dfrac{1}{\rho^2} + \left(1 - \dfrac{4}{\rho^2} + \dfrac{3}{\rho^4}\right)\cos 2\theta\right] \\ \dfrac{\sigma_\theta}{\sigma_0} = \dfrac{1}{2}\left[1 + \dfrac{1}{\rho^2} - \left(1 + \dfrac{3}{\rho^4}\right)\cos 2\theta\right] \quad , \quad \rho = \dfrac{r}{R} \\ \dfrac{\tau_{r\theta}}{\sigma_0} = \dfrac{1}{2}\left(1 + \dfrac{2}{\rho^2} - \dfrac{3}{\rho^4}\right)\sin 2\theta \end{cases} \tag{9.14}$$

对证明感兴趣的学生可参考文献[10,1,4]等,或参考本练习的提示:http://mms2.ensmp.fr/mmc_paris/annales/examen2007.pdf"。

问题 1

证明该应力场是该问题的解。

问题 2

确定并绘制 $r=R$ 的应力场。

问题 3

确定孔边缘的应力集中系数:

$$K_t = \frac{\sigma_{\max}}{\sigma_0} \tag{9.15}$$

考虑到材料是脆性材料,其拉伸极限应力远小于其压缩极限(绝对值),确定出现断裂时的 σ_0 值,以及裂纹的位置和裂纹扩展方向。

特别要指出的是,拉伸和压缩的结果是不同的。

图9.24所示为通过有限元计算得到的几个结果(铝材:尺寸 400mm×400mm,孔半径10mm,$\sigma_0=100$MPa)。当然,只考虑1/4的结构是网状的,并且有对称性。

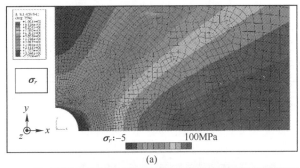

(a)

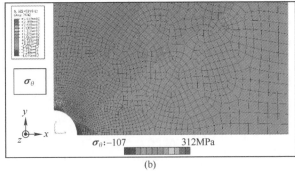

(b)

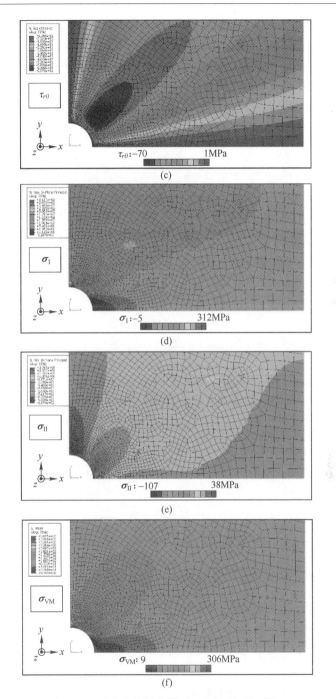

图 9.24 开孔拉伸的有限元计算结果(见彩插)

在孔尺寸不可忽略(尺寸为200mm×40mm)的情况下,应力集中会进一步增加。实际上,没有孔的结构更好。顺便说一句,此几何体表示在板上钻了2倍于孔直径的孔,如图9.25所示(在航空学中,此距离称为间距,实际上是直径的4倍)。

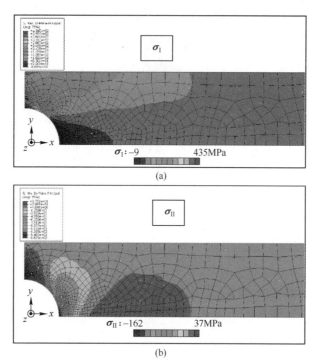

图 9.25　开孔拉伸有限元计算结果(见彩插)

9.17　弯　曲　梁

第1部分:应力张量

如图9.26所示,考虑一个尺寸为 $L×h×b$ 的梁,当一端被约束固定而另一端受到力 F 时弯曲($x=L$ 的面)。

假设应力在 (x,y) 平面上,求此二维问题的解。

问题1

确定梁左半部分内力(即力和力矩)。显示可以分解为 y 方向的力,称为剪力,z 方向的力矩称为弯矩。确定(不计算) F_y 和 M_z 产生的应力。

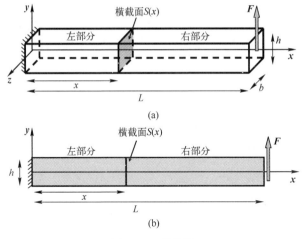

图 9.26 弯曲梁

问题 2

要解决这个问题,写出应力张量必须满足的所有条件(二维)。

问题 3

假设:

$$\sigma_x = K(L-x)y \qquad (9.16)$$

如何求解这个问题。

求解这个问题,并确定整个梁的应力张量。特别是,确定与 F 和梁相关的几何特征 K。

保留这个结果与 K 的关系,以便介绍以下内容。

问题 4

从物理关系上证明式(9.16)给出的 σ_x。

问题 5

确定并绘制 x 坐标下水平横截面中的应力。推导这些应力的集合(力和力矩),证明它们等于问题 1 中确定的内力。

问题 6

该梁由铝制成,其特征为:$E=70\text{GPa}, \nu=0.3, \sigma_e=250\text{MPa}$,选择此梁的分级准则并对其进行修正。确定该准则在哪些点达到最大值(假设 $L>h$)。

问题 7

确定达到该准则的力 F_{lim}。在这样一个力作用下,会发生什么?如果继续增加 F,会发生什么?

问题 8

该梁由玻璃制成,其特征为:$E=70\text{GPa}, \nu=0.3, \sigma_r=60\text{MPa}$。选择此梁的分级准则并对其进行修正。确定该准则在哪些点达到最大值(假设 $L>h$)。

问题 9

确定达到该准则的力 $F_{\lim}$。在这个力作用下,实际会发生什么?如果继续增加 F,会发生什么?

第 2 部分:应变张量与位移

问题 10

梁 E 和 ν 已知,确定此梁的应变张量。

问题 11

假设 $\nu=0$(简化计算),并将边界条件取为

$$\begin{cases} u(x=0, y=0)=0 \\ v(x=0, y=0)=0 \\ u(x=0, y=h/2)=0 \end{cases} \quad (9.17)$$

确定整个梁的位移场与 K 的关系。

注:可以证明边界条件与式(9.16)中的应力场假设不一致。但会得出其他应力,接近边界条件。

问题 12

证明问题 11 中提出的边界条件可以限制平面中的任何刚性位移场。

问题 13

在梁的情况下,推导梁挠度 δ 与力 F 之间的关系。当长度 L 远大于其他尺寸时,得

$$f=\frac{FL^3}{3EI_z} \quad (9.18)$$

式中:I_z 为 z 方向上的二次惯性矩,即

$$I_z=\frac{bh^3}{12} \quad (9.19)$$

第 3 部分:有限元比较

使用 Abaqus 程序和以下尺寸进行有限元计算,并给出以下结果。

问题 14

如图 9.27 和图 9.28 所示,对每个结果进行讨论,并与解析解进行比较(对

于解析解,主要进行数值应用)。

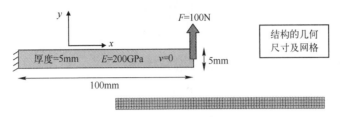

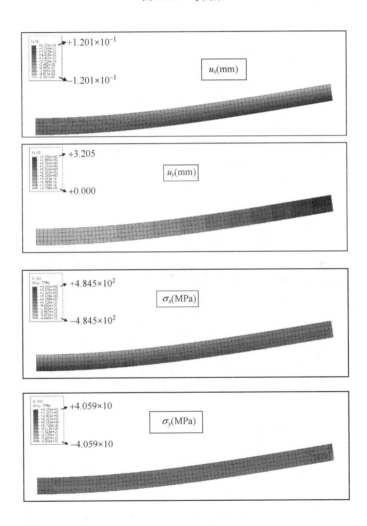

图 9.27 弯曲梁

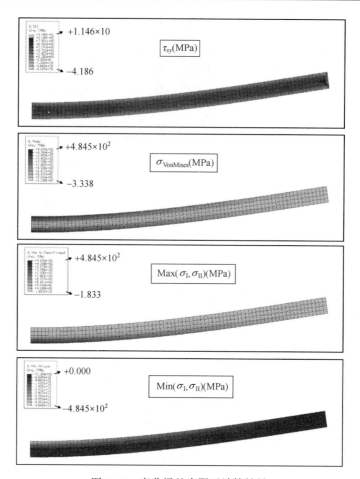

图 9.28　弯曲梁的有限元计算结果

第10章 练习题解答

10.1 应变花应力分析(罗赛特分析)

问题1

简单来说,如图 10.1 所示,任意方向的单位应变可表示为

$$\varepsilon(M,n) = \varepsilon_n(M) = n^t \boldsymbol{\varepsilon}(M) n \tag{10.1}$$

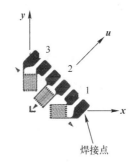

图 10.1　罗赛特 45°应变测量仪

对于 x、y 以及与 x 成 45°的矢量 u,写出此关系式(不要忘记取成单位矢量 u,即 $u(1/\sqrt{2},1/\sqrt{2})$),以消除参考点 M 的符号简化的影响):

$$\begin{cases} \varepsilon_x = x^t \boldsymbol{\varepsilon} x = \varepsilon_1 \\ \varepsilon_y = y^t \boldsymbol{\varepsilon} y = \varepsilon_3 \\ \varepsilon_u = u^t \boldsymbol{\varepsilon} u = \dfrac{\varepsilon_x + \varepsilon_y}{2} + \varepsilon_{xy} = \varepsilon_2 \end{cases} \tag{10.2}$$

因此,得

$$\begin{cases} \varepsilon_x = \varepsilon_1 \\ \varepsilon_y = \varepsilon_3 \\ \varepsilon_{xy} = \varepsilon_2 - \dfrac{\varepsilon_1 + \varepsilon_3}{2} \end{cases} \tag{10.3}$$

即

$$\boldsymbol{\varepsilon}(M) = \begin{bmatrix} \varepsilon_x & \varepsilon_{xy} \\ \varepsilon_{xy} & \varepsilon_y \end{bmatrix}_{(x,y)} = \begin{bmatrix} 1600 & 500 \\ 500 & -1000 \end{bmatrix}_{(x,y)} (\mu\varepsilon) \qquad (10.4)$$

问题 2

开始,首先要求施加的外力为 0,且外法向为 z 方向,则

$$\boldsymbol{\sigma}(M, \boldsymbol{n}_{\text{ext}}) = \boldsymbol{\sigma}(M, z) = \boldsymbol{F}_{\text{ext}} = \boldsymbol{0} \qquad (10.5)$$

即

$$\tau_{xz} = \tau_{yz} = \sigma_z = 0 \qquad (10.6)$$

因此应力张量在任何自由表面上都属于平面应力状态:

$$\boldsymbol{\sigma}(M) = \begin{bmatrix} \sigma_{xx} & \tau_{xy} & 0 \\ \tau_{xy} & \sigma_{yy} & 0 \\ 0 & 0 & 0 \end{bmatrix}_{(x,y,z)} \qquad (10.7)$$

使用应力和应变之间的本构关系,假设材料为线性弹性、均匀和各向同性的:

$$\boldsymbol{\sigma} = 2\mu\boldsymbol{\varepsilon} + \lambda \cdot \text{tr}(\boldsymbol{\varepsilon}) \cdot \boldsymbol{I} \qquad (10.8)$$

使用弹性模量和泊松比,并通过下式计算式(10.8)中的拉梅参数:

$$\begin{cases} \lambda = \dfrac{E\nu}{(1+\nu)(1-2\nu)} \\ \mu = \dfrac{E}{2(1+\nu)} = G \end{cases} \qquad (10.9)$$

因此,得

$$\begin{cases} \sigma_x = 2\mu\varepsilon_x + \lambda(\varepsilon_x + \varepsilon_y + \varepsilon_z) \\ \sigma_y = 2\mu\varepsilon_y + \lambda(\varepsilon_x + \varepsilon_y + \varepsilon_z) \\ \sigma_z = 2\mu\varepsilon_z + \lambda(\varepsilon_x + \varepsilon_y + \varepsilon_z) = 0 \\ \tau_{xy} = 2\mu\varepsilon_{xy} \\ \tau_{yz} = 2\mu\varepsilon_{yz} = 0 \\ \tau_{xz} = 2\mu\varepsilon_{xz} = 0 \end{cases} \qquad (10.10)$$

相应地,可以确定第三个关系式 ε_z:

$$\varepsilon_z = \dfrac{-\lambda(\varepsilon_x + \varepsilon_y)}{\lambda + 2\mu} = -257\mu\varepsilon \qquad (10.11)$$

平面应力状态和平面应变状态不会同时存在,除非应力和应变都为 0,这是可以想象的。

因此,得(这是下一个问题的答案)

$$\boldsymbol{\varepsilon}(M) = \begin{bmatrix} 1600 & 500 & 0 \\ 500 & -1000 & 0 \\ 0 & 0 & -257 \end{bmatrix}_{(x,y,z)} (\mu\varepsilon) \tag{10.12}$$

和

$$\boldsymbol{\sigma}(M) = \begin{bmatrix} 100 & 27 & 0 \\ 27 & -40 & 0 \\ 0 & 0 & 0 \end{bmatrix}_{(x,y,z)} (\mathrm{MPa}) \tag{10.13}$$

问题 3

请参见上面。

问题 4

要确定主应力,需求解以下本征值问题:

$$\det(\boldsymbol{\sigma}(M) - \sigma_i \boldsymbol{I}) = 0 \tag{10.14}$$

这个方程有三个解,分别对应三个主应力 $\sigma_i (i = \mathrm{I}, \mathrm{II}, \mathrm{III})$。

然后通过式(10.15)确定主方向:

$$\begin{cases} \boldsymbol{\sigma}(M, \boldsymbol{x}_\mathrm{I}) = \boldsymbol{\sigma}(M) \boldsymbol{x}_\mathrm{I} = \sigma_\mathrm{I} \boldsymbol{x}_\mathrm{I} \\ \boldsymbol{\sigma}(M, \boldsymbol{x}_\mathrm{II}) = \boldsymbol{\sigma}(M) \boldsymbol{x}_\mathrm{II} = \sigma_\mathrm{II} \boldsymbol{x}_\mathrm{II} \\ \boldsymbol{\sigma}(M, \boldsymbol{x}_\mathrm{III}) = \boldsymbol{\sigma}(M) \boldsymbol{x}_\mathrm{III} = \sigma_\mathrm{III} \boldsymbol{x}_\mathrm{III} \end{cases} \tag{10.15}$$

这里显然有一个已知的解,即

$$\sigma_\mathrm{III} = 0 \text{ 和 } \boldsymbol{x}_\mathrm{III} = \boldsymbol{z} = \begin{bmatrix} 0 \\ 0 \\ 1 \end{bmatrix} \tag{10.16}$$

这样就可以在二维平面中计算式(10.14),从而得

$$\begin{cases} \sigma_\mathrm{I} = 105 \mathrm{MPa} \\ \sigma_\mathrm{II} = -45 \mathrm{MPa} \end{cases} \tag{10.17}$$

当然,除非主应力相等,否则不可以把两个主应力顺序颠倒了(三个主应力的顺序并不重要,通常是按升序排列的,虽然这并不是必需的)。

现在可以依据主应力和主方向之间的关系来确定 $\boldsymbol{x}_\mathrm{I}$:

$$\boldsymbol{\sigma}(M, \boldsymbol{x}_\mathrm{I}) = \boldsymbol{\sigma}(M) \boldsymbol{x}_\mathrm{I} = \sigma_\mathrm{I} \boldsymbol{x}_\mathrm{I} \tag{10.18}$$

例如,通过使用 $\boldsymbol{x}_\mathrm{I}(a,b)$(同样仍然在二维中),可以得到 a 和 b 之间的两个关系,这两个关系形式上实际是相同的。当然,这源于 $\det(\boldsymbol{\sigma}(M) - \sigma_i \boldsymbol{I}) = 0$。因此,这两个系数取决于一个待定的乘子。实际上,人们感兴趣的是这个矢量的方向,它的模并不重要。

例如,取

$$\boldsymbol{x}_{\mathrm{I}} = \begin{bmatrix} a \\ b \end{bmatrix} = \begin{bmatrix} 27 \\ 5 \end{bmatrix} \qquad (10.19)$$

这里并没有对这个矢量进行归一化,对它归一化并不困难,但这样做没有什么意义。

实际上,这个矢量 $\boldsymbol{x}_{\mathrm{I}}$ 显然是三维的,因为是平面应力问题,所以坐标的 z 分量是 0:

$$\boldsymbol{x}_{\mathrm{I}} = \begin{bmatrix} 27 \\ 5 \\ 0 \end{bmatrix} \qquad (10.20)$$

回顾一下,三个主方向必然是正交的,并且在这里,第三个主方向沿着 z 方向,从而得出另外两个主方向必然在平面 $(\boldsymbol{x}, \boldsymbol{y})$ 上。

可以继续对最后一个主方向进行类似的推导,或者简单地使用主方向彼此正交的事实。例如下面的式子,很容易证明它们满足正交关系):

$$\boldsymbol{x}_{\mathrm{II}} = \begin{bmatrix} -5 \\ 27 \\ 0 \end{bmatrix} \qquad (10.21)$$

到此,就可以勾勒出二维主应力模式,并确定 $\boldsymbol{x}$ 和 $\boldsymbol{x}_{\mathrm{I}}$ 之间的夹角为 10.5°。

问题 5

可以证明,最大正应力(对于所有可能的面)必然是三个主应力中的最大值,这里:

$$\operatorname*{Max}_{\boldsymbol{n}}(\sigma_n) = \operatorname{Max}(\sigma_{\mathrm{I}}, \sigma_{\mathrm{II}}, \sigma_{\mathrm{III}}) = \sigma_{\mathrm{I}} = 105(\mathrm{MPa}) \qquad (10.22)$$

所以这个面的法向矢量的方向,如图 10.2 所示,这就是对应的主方向,为 $\boldsymbol{x}_{\mathrm{I}}$。

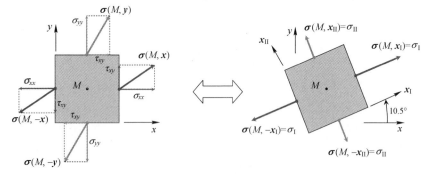

图 10.2 应力矢量和主应力

问题 6

如果材料是脆性的,可以使用正应力准则:

$$\text{Max}_{n}(\sigma_n) = \text{Max}(\sigma_{\text{I}}, \sigma_{\text{II}}, \sigma_{\text{III}}) < \sigma_{\text{trac}} \quad (10.23)$$

这里并不满足正应力准则,结果材料会失效(实际上,应力从 0 开始逐渐增加直到失效,当第一次达到该准则时,材料就失效了)。

由此产生的裂纹方向将垂直于最大正应力对应的面的方向,如图 10.3 所示,这里是指法向矢量 x_{I} 的面,因此是在 $(x_{\text{II}}, x_{\text{III}})$ 面内。

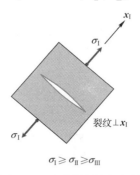

图 10.3　脆性材料拉伸实效

问题 7

可以证明,最大切应力是主应力差的 1/2 的最大值,即

$$\tau_{\max} = \text{Max}\left(\frac{|\sigma_{\text{I}} - \sigma_{\text{II}}|}{2}; \frac{|\sigma_{\text{II}} - \sigma_{\text{III}}|}{2}, \frac{|\sigma_{\text{III}} - \sigma_{\text{I}}|}{2}\right) = \frac{|\sigma_{\text{I}} - \sigma_{\text{II}}|}{2} = 75(\text{MPa})$$

(10.24)

所对应的面是在 $(x_{\text{I}}, x_{\text{II}})$ 面上,与 x_{I} 或 x_{II} 成 45°方向。

实际上,可以证明与法向矢量 $(x_{\text{I}} + x_{\text{II}})$ 对应的面的切应力是在 $(x_{\text{II}} - x_{\text{I}})$ 方向上,如图 10.4 所示,并且与法向矢量 $(x_{\text{II}} - x_{\text{I}})$(在 $(x_{\text{I}} + x_{\text{II}})$ 的方向)所对应的切应力是相同的。

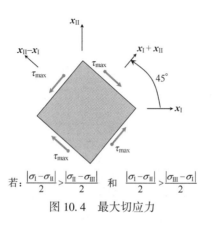

图 10.4　最大切应力

问题 8

冯·米塞斯应力表示为

$$\sigma_{VM} = \sqrt{\frac{1}{2}((\sigma_I - \sigma_{II})^2 + (\sigma_{II} - \sigma_{III})^2 + (\sigma_{III} - \sigma_I)^2)} = 133(\text{MPa}) \quad (10.25)$$

问题 9

若考虑特雷斯卡准则：

$$\sigma_{\text{tresca}} = 2\tau_{\max} = 150\text{MPa} < \sigma_e \quad (10.26)$$

这一准则并不满足，因此会有一定的塑性。

考虑冯·米塞斯准则：

$$\sigma_{VM} = 133\text{MPa} < \sigma_e \quad (10.27)$$

这个准则是满足的，因此不会有任何塑性。总之，识别塑性取决于对于所选择的材料，以确定最适合的准则是特雷斯卡塑性准则还是冯·米塞斯塑性准则。

在实践中，由于这两个准则之间几乎没有什么区别，因此很难在它们之间做出选择决定，因为试验误差通常与这两个准则之间的差异具有相同的数量级。进一步应用，如图 10.5 所示。

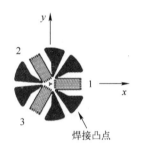

图 10.5　120°应变花应力分析

求出主应变张量：

$$\boldsymbol{\varepsilon}(M) = \begin{bmatrix} -800 & 0 & 0 \\ 0 & 1733 & 0 \\ 0 & 0 & -400 \end{bmatrix}_{(x,y,z)} (\mu\varepsilon) \quad (10.28)$$

以及主应力张量：

$$\boldsymbol{\sigma}(M) = \begin{bmatrix} -64.6 & 0 & 0 \\ 0 & 344.6 & 0 \\ 0 & 0 & 0 \end{bmatrix}_{(x,y,z)} (\text{MPa}) \quad (10.29)$$

显然，主方向坐标系是 (x, y, z)，三个主应力就是对角的三个应力。

相应地，关于最大正应力的失效准则为

$$\text{Max}_{n}(\sigma_n) = \text{Max}(\sigma_\text{I}, \sigma_\text{II}, \sigma_\text{III}) = 344.6\text{MPa} < \sigma_\text{trac} \tag{10.30}$$

这个准则不满足,因而在(x,z)面存在裂缝失效。

特雷斯卡准则:

$$\sigma_\text{tresca} = 2\tau_\text{max} = 409.2\text{MPa} < \sigma_e \tag{10.31}$$

这个准则不满足,因此有塑性。

冯·米塞斯准则:

$$\sigma_\text{VM} = 381\text{MPa} < \sigma_e \tag{10.32}$$

这个准则不满足,所以存在塑性。

10.2 纯 剪 切

简单地确定应力张量的主应力:

$$\boldsymbol{\sigma}(M) = \begin{bmatrix} 100 & 100 & 0 \\ 100 & -100 & 0 \\ 0 & 0 & -400 \end{bmatrix}_{(x,y,z)} = \begin{bmatrix} 100\sqrt{2} & 0 & 0 \\ 0 & -100\sqrt{2} & 0 \\ 0 & 0 & 0 \end{bmatrix}_{(x_\text{I}, y_\text{II}, z_\text{III})} \text{(MPa)}$$
$$\tag{10.33}$$

如图10.6和图10.7所示,观察到,在$(x_\text{I}, x_\text{II})$平面上,通过围绕$x_\text{III}$旋转45°,可以获得纯剪切状态:

$$\boldsymbol{\sigma}(M) = \begin{bmatrix} 100\sqrt{2} & 0 & 0 \\ 0 & -100\sqrt{2} & 0 \\ 0 & 0 & 0 \end{bmatrix}_{(x_\text{I}, y_\text{II}, z_\text{III})} = \begin{bmatrix} 0 & -100\sqrt{2} & 0 \\ -100\sqrt{2} & 0 & 0 \\ 0 & 0 & 0 \end{bmatrix}_{(u, v, x_\text{III})} \text{(MPa)}$$
$$\tag{10.34}$$

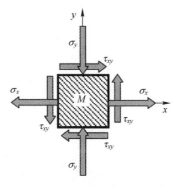

图 10.6 剪切正方形

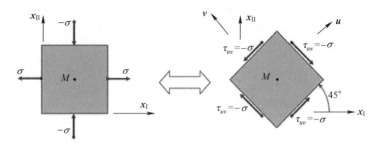

图 10.7 切应力矢量和最大切应力

10.3 弹性体的压缩

问题 1 如图 10.8 所示。

为了寻找这个问题的解,需要确定位移场、应力场和应变场,并满足下列条件:

(1) 平衡方程;
(2) 位移与应变的关系;
(3) 应力与应变的本构关系;
(4) 位移和应力的边界条件。

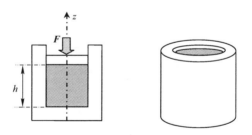

图 10.8 圆柱体在约束下的压缩

此外,考虑到解若存在,它一定是唯一的,所以只需要找到这个解,如果该解满足所有上述这些条件,那么该解就是正确的解。

在这种情况下,以下面形式找寻位移场似乎是合理的:

$$u(P(r,\theta,z)) = w(z)z \qquad (10.35)$$

换言之,位移场在 z 方向上,并且仅是 z 的函数。再则,不需要证明这个选择的合理性,因为如果满足上面提出的所有条件,那么它就是这个解,且是唯一的解。

然后可以确定应变张量：

$$\boldsymbol{\varepsilon} = \frac{1}{2}(\mathbf{grad}\,\boldsymbol{u} + \mathbf{grad}^t\boldsymbol{u}) = \begin{bmatrix} 0 & 0 & 0 \\ 0 & 0 & 0 \\ 0 & 0 & w_{,z} \end{bmatrix}_{(r,\theta,z)} \quad (10.36)$$

这里用到了传统的简化记法：

$$w_{,z} = \frac{\partial w}{\partial z}. \quad (10.37)$$

然后确定应力张量：

$$\boldsymbol{\sigma} = 2\mu\boldsymbol{\varepsilon} + \lambda \cdot \mathrm{tr}(\boldsymbol{\varepsilon})\boldsymbol{I} = \begin{bmatrix} \lambda w_{,z} & 0 & 0 \\ 0 & \lambda w_{,z} & 0 \\ 0 & 0 & (\lambda+2\mu)w_{,z} \end{bmatrix}_{(r,\theta,z)} \quad (10.38)$$

根据平衡方程式 $\mathbf{div}\,\boldsymbol{\sigma} = \mathbf{0}$ 导出：

$$(\lambda+2\mu)w_{,zz} = 0 \Rightarrow w_{,z} = ct = \varepsilon_0 \quad (10.39)$$

式中：ε_0 为一个常数（等于应变 ε_z，因此使用此记号），因而可以确定应力张量：

$$\boldsymbol{\sigma} = \begin{bmatrix} \lambda\varepsilon_0 & 0 & 0 \\ 0 & \lambda\varepsilon_0 & 0 \\ 0 & 0 & (\lambda+2\mu)\varepsilon_0 \end{bmatrix}_{(r,\theta,z)} \quad (10.40)$$

还要满足应力的边界条件：

当 $z = h$：$\iint_{S_h} \boldsymbol{\sigma}(P,z)\mathrm{d}S = \iint_{S_h} \boldsymbol{\sigma}\boldsymbol{z}\mathrm{d}S = -F\boldsymbol{z}$

这个方程式说明了这样一个事实，在 $z = h$ 的顶边上应力矢量之和等于 $-F\boldsymbol{z}$。因此，通过将应力表达式代替应力张量，得

$$(\lambda+2\mu)\varepsilon_0 S = -F \Rightarrow \varepsilon_0 = \frac{-F}{S(\lambda+2\mu)}$$

$$\Rightarrow \boldsymbol{\sigma} = \begin{bmatrix} \dfrac{-\nu}{1-\nu}\dfrac{F}{S} & 0 & 0 \\ 0 & \dfrac{-\nu}{1-\nu}\dfrac{F}{S} & 0 \\ 0 & 0 & \dfrac{-F}{S} \end{bmatrix}_{(r,\theta,z)} \quad (10.41)$$

在此需要注意：

$$\frac{\lambda}{\lambda+2\mu} = \frac{\nu}{1-\nu} \quad (10.42)$$

可以确定位移场：

$$w(z) = \varepsilon_0 z + \text{cte} \tag{10.43}$$

给出边界条件：

当 $z=0$ 时，$\boldsymbol{u}(P(r,\theta,z=0)) = \boldsymbol{0} \Rightarrow w(z=0) = 0 \Rightarrow \text{cte} = 0$；

当 $r=R$ 时，$\boldsymbol{u}(P(r=R,\theta,z))\boldsymbol{e}_r = 0$ 这个条件自动满足。

所有这些条件都已得到满足，因此该解就是这个问题的解，且唯一的解。

问题 2

活塞在 $z=h$ 时的位移为

$$\Delta w = w(z=h) = \varepsilon_0 h = \frac{-Fh}{S(\lambda+2\mu)} = \frac{-F(1+\nu)(1-2\nu)h}{ES(1-\nu)} \tag{10.44}$$

问题 3

要记住的是：

$$-1 < \nu \leq 0.5 \tag{10.45}$$

其中 $\nu \to -1$ 对应于剪切弹性模量趋于无穷大的情况，即

$$G = \frac{E}{2(1+\nu)} \underset{\nu \to -1}{\longrightarrow} +\infty \tag{10.46}$$

$\nu = 0.5$ 对应的是不可压缩材料。事实上，回想一下拉伸的情况：

$$\boldsymbol{\sigma} = \begin{bmatrix} \sigma & 0 & 0 \\ 0 & 0 & 0 \\ 0 & 0 & 0 \end{bmatrix} \Rightarrow \boldsymbol{\varepsilon} = \begin{bmatrix} \dfrac{\sigma}{E} & 0 & 0 \\ 0 & \dfrac{-\nu\sigma}{E} & 0 \\ 0 & 0 & \dfrac{-\nu\sigma}{E} \end{bmatrix} \tag{10.47}$$

因此，无论应力值如何，体积的变化率都为 0，即

$$\frac{\Delta V}{V} = \text{tr}\boldsymbol{\varepsilon} = \frac{(1-2\nu)\sigma}{E} = 0 \tag{10.48}$$

在这种情况下，可以观察到，如果 $\nu = 0.5$，无论施加什么力，活塞位移都将为 0。这是一个合乎逻辑的结果，因为如果材料是不可压缩的，那么它的体积在压缩过程中是不会改变的，活塞的位移将始终为 0。在实践中，有些材料如橡胶，确实能表现出某种准不可压缩行为。

10.4 重力坝

问题 1

水压随水的深度线性增大，并由著名的伯努利方程表示：

$$P + \rho g z = cte \quad (10.49)$$

除了 z 代替 x 外,其他与上面的形式相同,因为 x 是垂直轴。在 O 点,压力等于大气压,但不考虑此压力,因为只有大于此大气压的压力才能作用在结构上。因此有

$$\delta = \rho g = 10000 \text{N/m}^3 \quad (10.50)$$

式中:ρ 为水的体积质量(而不是混凝土的体积质量,将其记为 ρ_c)。载荷 δx 的单位是 N/m^2,是单位面上的载荷,如图 10.9 所示。

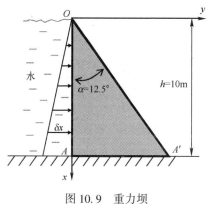

图 10.9 重力坝

问题 2

假设应力张量是 x 和 y 的线性函数:

$$\boldsymbol{\sigma} = \begin{bmatrix} \sigma_x & \tau_{xy} \\ \tau_{xy} & \sigma_y \end{bmatrix}, \quad \begin{cases} \sigma_x = a_0 + b_0 x + c_0 y \\ \sigma_y = d_0 + e_0 x + f_0 y \\ \tau_{xy} = g_0 + h_0 x + i_0 y \end{cases} \quad (10.51)$$

这一选择为什么合理?实际上,看到所有载荷都是线性的,结构的所有边都是直的。当然,这并不能证明解就是这种形式,但既然知道,如果确实找到了满足所有条件的应力场、应变场和位移场,那么它就是唯一的解。要简单地做出选择,并证明这个选择是否满足所有条件,不需要其他任何条件。这里的条件如下:

(1) 平衡方程;
(2) 应变与位移的关系;
(3) 应力与应变的本构关系定律;
(4) 位移和应力边界条件;
(5) 相容性条件。

的确,从对应力(或应变)做出假设的那一刻起,就不能忽视相容性条件。

这个条件既能确保应变可以积分,又能确保确定的位移。本质上,当假设应力(或应变)张量的形式为 6 个函数(三维或二维),而位移场在三维时只有 3 个函数,二维时是两个函数,这些函数的全部关系并不完全清楚。

相容性条件表达成下式:

$$\mathbf{grad}(\mathrm{div}\boldsymbol{\varepsilon})+\mathbf{grad}^t(\mathrm{div}\boldsymbol{\varepsilon})-\Delta\boldsymbol{\varepsilon}-\mathbf{grad}(\mathbf{grad}(\mathrm{tr}\boldsymbol{\varepsilon}))=\mathbf{0} \qquad (10.52)$$

在实践中,要根据应力来确定应变,然后检查这个相容性公式是否真的能得到满足。在这里是显而易见的,因为相容性方程仅适用于二阶导数。实际上,由于应力是 x 和 y 的线性函数,应变也是(应力和应变之间存在线性关系),并且所有的二次导数都将为 0。

给出如下式的平衡方程:

$$\mathrm{div}\boldsymbol{\varepsilon}+f_V=\mathbf{0} \qquad (10.53)$$

式中:f_V 为由重力产生的体积力,即

$$f_V=\rho_c x \qquad (10.54)$$

式中:ρ_c 为混凝土的密度。所以有了 f_V,单位为 N/m^3,为体积的力,是作用在整个结构上单位体积的力(与外部表面力不同,在应力边界条件下,只适用于外表面的情况)。

因此,平衡方程给出:

$$\begin{cases} b_0+i_0+\rho_c g=0 \\ h_0+f_0=0 \end{cases} \qquad (10.55)$$

这样,可以把应力表示为

$$\begin{cases} \sigma_x=a_0+b_0x+c_0y \\ \sigma_y=d_0+e_0x+f_0y \\ \tau_{xy}=g_0-f_0x-(b_0+\rho_c g)y \end{cases} \qquad (10.56)$$

给出与水接触一侧的应力边界条件:

当 $y=0$ 时,有

$$\boldsymbol{\sigma}(M,\boldsymbol{n}_{\mathrm{ext}})=\boldsymbol{\sigma}(M,-\boldsymbol{y})=\delta xy \qquad (10.57)$$

因此,有

$$\begin{cases} -g_0+f_0x=0 \\ -d_0-e_0x=\delta x \end{cases} \Rightarrow \begin{cases} g_0=f_0=d_0=0 \\ e_0=-\delta \end{cases} \Rightarrow \begin{cases} \sigma_x=a_0+b_0x+c_0y \\ \sigma_y=-\delta x \\ \tau_{xy}=-(b_0+\rho_c g)y \end{cases} \qquad (10.58)$$

还应该注意到,对于任何 x 值,函数 $(ax+b)$ 都为 0,则必须 a 和 b 也为 0。

因此,倾斜侧与空气接触的应力边界条件(请注意,这条线的方程为 $y=x\tan\alpha$,外法向矢量为 $\boldsymbol{n}_{\mathrm{ext}}(-\sin\alpha,\cos\alpha)$)。

对于 $y = x\tan\alpha : \boldsymbol{\sigma}(M, \boldsymbol{n}_{\text{ext}}) = 0$。
因此,有

$$\begin{cases} b_0 + \rho_c g = \dfrac{\delta}{\tan^2\alpha} \\ a_0 = 0 \\ c_0 = \dfrac{\rho_c g}{\tan\alpha} - \dfrac{2\delta}{\tan^3\alpha} \end{cases} \Rightarrow \tag{10.59}$$

$$\Rightarrow \begin{cases} \sigma_x = \left(\dfrac{\delta}{\tan^2\alpha} - \rho_c g\right)x + \left(\dfrac{\rho_c g}{\tan\alpha} - \dfrac{2\delta}{\tan^3\alpha}\right)y \\ \sigma_y = -\delta x \\ \tau_{xy} = -\dfrac{\delta}{\tan^2\alpha}y \end{cases}$$

因此,应用数值计算得

$$\begin{cases} \sigma_x = 178000x - 1723000y \\ \sigma_y = -10000x \\ \tau_{xy} = -203500y \end{cases} \tag{10.60}$$

式中:σ 的单位是 Pa;x, y 的单位是 m。

实际上,仍然必须证明大坝下($x = h$)的位移为 0。为此,需要确定应变,对此应变进行积分以确定位移,然后验证它在($x = h$)时是否为 0。可以自己进行这些计算,但即使完成了这些计算,仍会发现起不到任何作用。总而言之,没有确切的解,要找到确切解,需要使用一个更复杂的应力场。然而,找到的解对实际问题来说仍然是一个很好的近似解。

问题 3

要确定大坝是否决口破坏,还要使用与大坝混凝土相适应的失效准则。由于混凝土是脆性材料,因此可以采用最大/最小主应力准则:

$$\begin{cases} \text{Max}(\sigma_{\text{I}}, \sigma_{\text{II}}, \sigma_{\text{III}}) < \sigma_{\text{trac}} \\ \text{Min}(\sigma_{\text{I}}, \sigma_{\text{II}}, \sigma_{\text{III}}) > \sigma_{\text{comp}} \end{cases} \tag{10.61}$$

式中:σ_{trac} 为拉应力;σ_{comp} 为压应力。接下来,只需确定大坝任意点的主应力,然后确定主应力的最大值/最小值。由于这些应力是线性的,只要通过查看端值,就能知道最大值将是这些点中的一个:

对于 O 点:$\boldsymbol{\sigma} = \begin{bmatrix} 0 & 0 \\ 0 & 0 \end{bmatrix}$ (MPa)   则 $\begin{cases} \sigma_{\text{I}} = 0\text{MPa} \\ \sigma_{\text{II}} = 0\text{MPa} \end{cases}$

对于 A 点: $\boldsymbol{\sigma} = \begin{bmatrix} 1.78 & 0 \\ 0 & -0.1 \end{bmatrix}$ (MPa)　　则 $\begin{cases} \sigma_{\mathrm{I}} = 1.78\mathrm{MPa} \\ \sigma_{\mathrm{II}} = -0.1\mathrm{MPa} \end{cases}$

对于 A' 点: $\boldsymbol{\sigma} = \begin{bmatrix} -2.0 & -0.45 \\ -0.45 & -0.1 \end{bmatrix}$ (MPa)　　则 $\begin{cases} \sigma_{\mathrm{I}} = -2.1\mathrm{MPa} \\ \sigma_{\mathrm{II}} = 0.001\mathrm{MPa} \end{cases}$

因此,失效准则在整个结构中得到满足。正是在 A 点,离失效最近。如果水压增加(或者如果混凝土的失效准则降低,例如由于老化等),当 σ_{I} 达到 2.5MPa 的拉伸应力时,材料就会发生失效。此外,在垂直于 x_{I} 的面上产生裂纹(这里 $x_{\mathrm{I}} = x$)。实际上,可以在 A 点沿 x 方向安装加强筋,以避免失效破坏,这些加强筋当然会装配在地面的混凝土地基上。

应该注意到,混凝土是一种高度不对称的材料,其抗压能力大约是其抗拉能力的 10 倍。换言之,必须把混凝土作主要受压用途,避免使其受拉。另外,通常使用加强筋来缓解受拉情况。或者为了获得更大的拉力,可以使用预应力混凝土,为此,将铁棒或钢棒置于拉伸状态,然后在其周围浇注混凝土。一旦混凝土干燥,金属棒上的拉力就会释放,然后就会压缩混凝土。因此,即使预应力混凝土处于拉伸状态(在一定阈值内),仍然处于压缩状态(金属棒处于拉伸状态)。

10.5　剪 切 模 量

问题 1

为了从应力中确定应变,仅需要使用应力应变本构关系法则:

$$\boldsymbol{\varepsilon} = \frac{1+\nu}{E}\boldsymbol{\sigma} - \frac{\nu}{E} \cdot \mathrm{tr}(\boldsymbol{\sigma}) \cdot \boldsymbol{I} \tag{10.62}$$

在拉伸下的经典结果为

$$\boldsymbol{\varepsilon} = \begin{bmatrix} \dfrac{\sigma_x}{E} & 0 & 0 \\ 0 & \dfrac{-\nu\sigma_x}{E} & 0 \\ 0 & 0 & \dfrac{-\nu\sigma_x}{E} \end{bmatrix}_{(x,y,z)} \tag{10.63}$$

因此,材料会依赖 x 方向拉伸而伸长,并在与 x 方向垂直的两个方向缩短,如图 10.10 所示。

问题 2

如上:

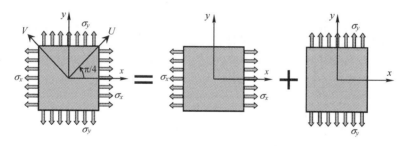

图 10.10 切应力分析

$$\boldsymbol{\varepsilon} = \begin{bmatrix} \dfrac{-\nu\sigma_y}{E} & 0 & 0 \\ 0 & \dfrac{\sigma_y}{E} & 0 \\ 0 & 0 & \dfrac{-\nu\sigma_y}{E} \end{bmatrix}_{(x,y,z)} \quad (10.64)$$

问题 3

如果只使用问题 1 和问题 2 中的应变:

$$\boldsymbol{\varepsilon} = \begin{bmatrix} \dfrac{\sigma_x - \nu\sigma_y}{E} & 0 & 0 \\ 0 & \dfrac{\sigma_y - \nu\sigma_x}{E} & 0 \\ 0 & 0 & \dfrac{-\nu(\sigma_x + \sigma_y)}{E} \end{bmatrix}_{(x,y,z)} \quad (10.65)$$

问题 4

如果 $\sigma_y = -\sigma_x$,那么

$$\boldsymbol{\varepsilon} = \dfrac{\sigma_x}{E} \begin{bmatrix} 1+\nu & 0 & 0 \\ 0 & -1-\nu & 0 \\ 0 & 0 & 0 \end{bmatrix}_{(x,y,z)} \quad (10.66)$$

问题 5

为了确定 (u,v) 中的应力和应变张量,只需要相对于 z 旋转 $45°$。

$$\boldsymbol{\sigma}_{(u,v,z)} = \boldsymbol{P}^t \cdot \boldsymbol{\sigma}_{(x,y,z)} \cdot \boldsymbol{P} \quad (10.67)$$

式中:P 为旋转矩阵(当然,这里 $\theta = 45°$):

$$\boldsymbol{P} = \begin{bmatrix} \cos\theta & -\sin\theta & 0 \\ \sin\theta & \cos\theta & 0 \\ 0 & 0 & 1 \end{bmatrix}_{(x,y,z)} = \begin{bmatrix} 1/\sqrt{2} & -1/\sqrt{2} & 0 \\ 1/\sqrt{2} & 1/\sqrt{2} & 0 \\ 0 & 0 & 1 \end{bmatrix}_{(x,y,z)} \quad (10.68)$$

因此,有

$$\boldsymbol{\sigma} = \begin{bmatrix} \sigma_x & 0 & 0 \\ 0 & -\sigma_x & 0 \\ 0 & 0 & 0 \end{bmatrix}_{(x,y,z)} = \begin{bmatrix} 0 & -\sigma_x & 0 \\ -\sigma_x & 0 & 0 \\ 0 & 0 & 0 \end{bmatrix}_{(u,v,z)} \quad (10.69)$$

传统结果如图 10.11 所示。

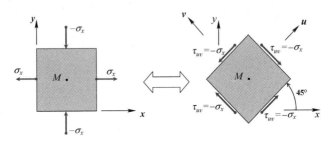

图 10.11 应力矢量和最大切应力

对于应力,先对应变张量实施一个旋转:

$$\boldsymbol{\varepsilon} = \frac{\sigma_x(1+\nu)}{E} \begin{bmatrix} 1 & 0 & 0 \\ 0 & -1 & 0 \\ 0 & 0 & 0 \end{bmatrix}_{(x,y,z)} = \frac{\sigma_x(1+\nu)}{E} \begin{bmatrix} 0 & -1 & 0 \\ -1 & 0 & 0 \\ 0 & 0 & 0 \end{bmatrix}_{(u,v,z)} \quad (10.70)$$

实际上,在坐标系 (u,v,z) 中,有

$$\begin{cases} \tau_{uv} = -\sigma_x \\ \gamma_{uv} = 2\varepsilon_{uv} = -\dfrac{2(1+\nu)}{E}\sigma_x \end{cases} \quad (10.71)$$

根据剪切模量 G 的定义,有

$$\tau_{uv} = G\gamma_{uv} \quad (10.72)$$

最终,得

$$G = \frac{E}{2(1+\nu)} \quad (10.73)$$

10.6 复合材料的模量

问题 1 如图 10.12 所示。

如果假设两种材料显示相同的应变,那么,有

$$\varepsilon_f = \varepsilon_r = \bar{\varepsilon} \quad (10.74)$$

式中:指数 f 表示纤维;指数 r 表示树脂;$\bar{\varepsilon}$ 为平均应变。

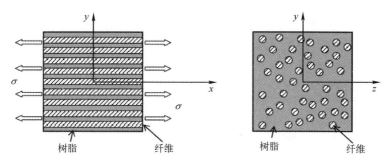

图 10.12 长纤维复合材料

这相当于考虑两种材料的并联,如图 10.13 所示。

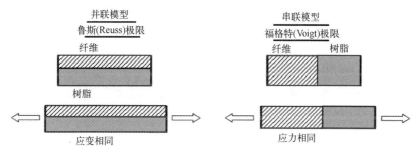

图 10.13 并联均质化模型和串联均质化模型

因此,总应力是两种材料的应力之和(不要忘记考虑纤维的体积占比 V_f,当然,树脂的体积占比为 $(1-V_f)$):

$$\overline{\sigma} = V_f \sigma_f + (1-V_f)\sigma_r \quad (10.75)$$

如果考虑两种材料为线弹性本构关系:

$$\begin{cases} \sigma_f = E\varepsilon_f \\ \sigma_r = E\varepsilon_r \end{cases} \quad (10.76)$$

则平均模量是两个模量的平均值:

$$\overline{E} = \frac{\overline{\sigma}}{\overline{\varepsilon}} = V_f E_f + (1-V_f)E_r \quad (10.77)$$

问题 2

假设两种材料显示相同的应力,则

$$\sigma_f = \sigma_r = \overline{\sigma} \quad (10.78)$$

这相当于对两种材料的串联考虑,如图 10.13 所示,总的应变是两种材料的应变之和(不要忘记考虑纤维和树脂的体积分数):

$$\overline{\varepsilon} = V_f E_f + (1-V_f)\varepsilon_r \quad (10.79)$$

因此得到平均模量：

$$\overline{E} = \frac{\overline{\sigma}}{\overline{\varepsilon}} = \frac{1}{\dfrac{V_f}{E_f} + \dfrac{1-V_f}{E_r}} \quad (10.80)$$

问题 3

哪个假设看起来更合理？这取决于拉伸的方向：如果沿纤维方向(x)拉伸，并联模型似乎更好些；如果沿纤维的横向拉伸(y 或者 z)，则串联模型似乎更好。这也正是通过试验观察到的。

问题 4

如果把平均模量图绘制出来，其结果如图 10.14 所示。

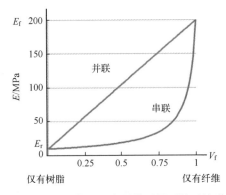

图 10.14　根据并联模型和串联模型得到的平均弹性模量

假设用均匀应力得到的模量称为福格特极限，用均匀应变得到的模量称为鲁斯极限。可以证明福格特模型构成了上限，鲁斯模型构成了下限。在实践中，可以得到了这两个值之间的值，纤维方向拉伸时接近福格特极限，颗粒增强复合材料时接近鲁斯极限。

10.7　圆柱扭转

问题 1　如图 10.15 所示。

点 $M(r,\theta,z)$ 的位移等于半径与转角的乘积：

$$\boldsymbol{u}(M(r,\theta,z)) = r\mathrm{d}\theta \boldsymbol{e}_\theta = krz\boldsymbol{e}_\theta \quad (10.81)$$

问题 2

可以通过式(10.82)确定应变张量：

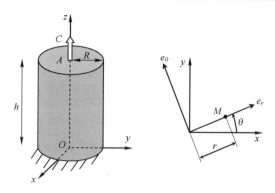

图 10.15 圆柱扭转

$$\boldsymbol{\varepsilon} = \frac{1}{2}(\mathbf{grad}\,\boldsymbol{u} + \mathbf{grad}^t\,\boldsymbol{u}) = \begin{bmatrix} 0 & 0 & 0 \\ 0 & 0 & \dfrac{kr}{2} \\ 0 & \dfrac{kr}{2} & 0 \end{bmatrix}_{(r,\theta,z)} \quad (10.82)$$

在使用柱面坐标系时,应注意关系式中的梯度张量。

问题 3

首先观察到一个主应变是 0,r 是与其相对应的主方向:

$$\varepsilon_{\mathrm{I}} = 0 \quad \text{和} \quad \boldsymbol{x}_{\mathrm{I}} = \boldsymbol{r} \quad (10.83)$$

只需在平面 (θ, z) 上考虑,然后确定另外两个主应变和相对应的主方向,如图 10.16 所示,后面还会看到:

$$\begin{cases} \varepsilon_{\mathrm{II}} = \dfrac{kr}{2} \\ \varepsilon_{\mathrm{III}} = -\dfrac{kr}{2} \end{cases} \quad \text{和} \quad \begin{cases} \boldsymbol{x}_{\mathrm{II}} = \boldsymbol{z} + \boldsymbol{\theta} \\ \boldsymbol{x}_{\mathrm{III}} = \boldsymbol{z} - \boldsymbol{\theta} \end{cases} \quad (10.84)$$

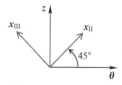

图 10.16 主坐标系

问题 4

体膨胀(通常称作体积变化率)等于应变张量矩阵的迹:

$$\frac{\Delta V}{V} = \mathrm{tr}\,\boldsymbol{\varepsilon} = 0 \quad (10.85)$$

由于张量的迹是一个不变量,无论用于计算的坐标系是什么,其显示的结果是相同的,特别是可以在(r,θ,z)坐标系或$(x_{\mathrm{I}},x_{\mathrm{II}},x_{\mathrm{III}})$坐标系中的计算。

这里,体积没有变化,因为位移是由相互堆叠的圆盘旋转组成的,逻辑上,体积变化为0。

实际上,扭转圆柱体的积极变化确实是0,但这仅在一阶近似下成立。事实上,可以证明圆柱体有缩短,但仅在二阶近似下。由于所有计算都是在一阶近似下完成的(特别是应变张量和位移场梯度之间的关系),所以并没有看到圆柱体缩短和体积变化。

问题 5

应力张量为

$$\boldsymbol{\sigma} = 2\mu\boldsymbol{\varepsilon} + \lambda \operatorname{tr}(\boldsymbol{\varepsilon}) \cdot \boldsymbol{I} = \begin{bmatrix} 0 & 0 & 0 \\ 0 & 0 & k\mu r \\ 0 & k\mu r & 0 \end{bmatrix}_{(r,\theta,z)} \tag{10.86}$$

然后简单地写出顶面的应力矢量的矩,等于施加的扭矩:

$$\iint_{sh} \boldsymbol{AM} \wedge \boldsymbol{\sigma}(M,z) \mathrm{d}S = Cz \tag{10.87}$$

式中:A点为顶面的中心:

$$\iint_{sh} \boldsymbol{AM} \wedge \boldsymbol{\sigma}(M,z) \mathrm{d}S = Cz = \iint_{sh}(r\boldsymbol{e}_r) \wedge (k\mu r\boldsymbol{\theta}) r \mathrm{d}\theta \mathrm{d}r = k\mu \frac{R^4}{4} 2\pi z \tag{10.88}$$

因此,有

$$k = \frac{2C}{\pi\mu R^4} \tag{10.89}$$

这里得到了材料强度的经典关系式:

$$\tau_{\theta z} = \frac{C}{I_0} r \tag{10.90}$$

式中:I_0为圆柱扭转的极惯性矩,即

$$I_0 = \iint_s r^2 \mathrm{d}S = \frac{\pi D^4}{32} \tag{10.91}$$

问题 6

要使应力场、应变场、位移场成为方程的解,必须满足下列条件:

(1) 平衡方程。可以证明应力张量的散度为0(不要忘记在柱坐标系中使用散度的表达式,注意这里的体积力为0)。

(2) 应力应变关系。这种关系得到了明确的证实,此外,这也是根据位移场

来确定应变张量的方法。

（3）联立应力和应变本构关系。这种关系得到了明确的证实,此外,这就是从应变张量中确定应力张量的方法。

应力和位移边界条件：

位移边界条件为底部固定。

对于 $z=0$，有

$$u(M(r,\theta,0))=\mathbf{0} \tag{10.92}$$

对于观察所选位移场的形状,这个关系自动满足。

应力边界条件分为两部分,首先是侧面,然后是顶部。

对于侧面,由于没有外力,所以有

$$\boldsymbol{\sigma}=(M(R,\theta,z),\boldsymbol{n}_{\text{ext}})=\boldsymbol{\sigma}(M(R,\theta,z))\boldsymbol{e}_r=\mathbf{0}, \quad r=R \tag{10.93}$$

这种关系得到了证实。

在顶部,作用力的总和是 z 方向上的扭矩 C。尽管如此,绝不能忘记证明这个方向的力确实为 0,如下式：

$$\begin{cases} \iint_{sh} \boldsymbol{\sigma}(M,z)\mathrm{d}S = \mathbf{0} \\ \iint_{sh} \boldsymbol{AM} \wedge \boldsymbol{\sigma}(M,z)\mathrm{d}S = Cz \end{cases} \tag{10.94}$$

第二个关系是正确的,因为在前面曾用它来确定系数 k。对于第一个关系,可以通过计算很容易证明也是正确的,或者简单地在顶部绘制应力矢量（图 10.17）,以获得结果清晰的视觉效果（加上所有的箭头,清楚地找到 0,另外,如果加上对点 A 的力矩,就得到扭矩 C）。

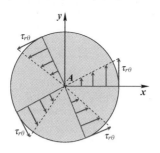

图 10.17　扭转切应力

问题 7

应从选择适合脆性材料的失效准则开始,传统的准则是最大/最小正应力准则：

$$\begin{cases} \text{Max}(\sigma_\text{I},\sigma_\text{II},\sigma_\text{III})<\sigma_\text{trac} \\ \text{Min}(\sigma_\text{I},\sigma_\text{II},\sigma_\text{III})>\sigma_\text{comp} \end{cases} \quad (10.95)$$

因此应该从确定主应力开始,然后找出最大/最小应力(以及方位)。可以很容易证明主应力和方向为

$$\begin{cases} \sigma_\text{I}=0 \\ \sigma_\text{II}=k\mu r \\ \sigma_\text{III}=-k\mu r \end{cases} \text{和} \begin{cases} x_\text{I}=r \\ x_\text{II}=z+\theta \\ x_\text{III}=z-\theta \end{cases} \quad (10.96)$$

可清楚地看到,主应力方向和主应变方向相同。只要材料是正交各向异性的(如果材料有三个相互垂直对称的面),这种情况仍然存在。特别是对于各向同性材料,所有面都是对称的。

因此,主应力为最大/最小,其中在 r 处为最大值,因为此处 $r=R$。由于脆性材料的抗压强度通常大于抗拉强度(尤其是粉笔、混凝土、复合材料、玻璃等),在 $r=R$ 时达到该准则,若面的方向为 x_II,裂纹将垂直于 x_II。该裂缝的形状类似于与矢量 z 成 45°角的螺丝钉(用粉笔测试,快速测试胜过冗长的解释)。当达到准则时,即达到失效:

$$\text{Max}(\sigma_\text{I},\sigma_\text{II},\sigma_\text{III})=k\mu R=\frac{2C}{\pi R^3}=\sigma_\text{trac} \quad (10.97)$$

因此,有

$$C=\frac{\pi R^3 \sigma_\text{trac}}{2} \quad (10.98)$$

问题 8

需要在整个结构中最大限度地节省使用材料,以减少圆柱体质量。在本例中,圆柱体中心的材质几乎可以忽略不计,应该使用一个最大直径的空心圆筒(通常,该直径受到结构尺寸及其生产技术特征的限制)其中 R_i 和 R_e 分别是内径和外径,最大主应力可以表示为

$$\text{Max}(\sigma_\text{I},\sigma_\text{II},\sigma_\text{III})=\frac{2CR_\text{e}}{\pi(R_\text{e}^4-R_\text{i}^4)}=\sigma_\text{trac} \quad (10.99)$$

式中:$e=R_\text{e}-R_\text{i}$ 为空心圆柱的厚度,假设它比 R_e 小很多(允许一阶小量),从而得

$$\text{Max}(\sigma_\text{I},\sigma_\text{II},\sigma_\text{III})=\frac{C}{2\pi R^2 e}=\sigma_\text{trac} \quad (10.100)$$

由于圆柱的质量与 Re 成正比(一阶情况):

$$\text{Mass}=\rho\times 2\pi ReL \quad (10.101)$$

式中:ρ 为密度;L 为圆柱体长度。因此,应该使 Re 的比率最小化,同时保持 R^2e 比率为常数(可以假设给定了 C 和 σ_{trac})。然后,半径必须最大,以使质量最小化:

$$R^2e = \text{cte} \Rightarrow \text{Mass} = \rho \times 2\pi ReL = \frac{\rho \times 2\pi \cdot \text{cte} \cdot L}{R} \quad (10.102)$$

10.8 塑性压缩

问题 1

可以看到,当立方体厚度趋于 0 时,应力趋于负无穷大,但前提是用工程应力/应变描述本构关系。在这里,本构关系是用真实的应力/应变写成的。真实的应力/应变与工程应力/应变之间存在下面关系(第 7 章):

$$\begin{cases} \varepsilon_t = \ln(1+\varepsilon) \\ \sigma_t = \sigma(1+\varepsilon) \end{cases} \quad (10.103)$$

式中:下标 t 对应"真实",而无下标对应"工程"。读者还将看到,在后面练习的文本中省略了下标 t,如图 10.18 所示,这在实践中经常发生(促使读者认真思考)。

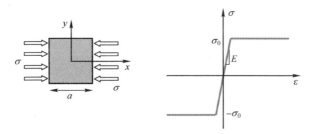

图 10.18 塑性压缩

若再次绘制工程应力/应变关系曲线,将得到图 10.19。

如图 10.19 所示,按比例绘制时,曲线的弹性部分几乎是不可见的(对于 70GPa 的模量和 400MPa 的弹性极限,弹性应变为 0.00057)。压缩时,如果压缩无限地继续,那么得

$$\begin{cases} \varepsilon_t \to -\infty \\ \sigma_t \to -\sigma_0 \end{cases} \quad \text{和} \quad \begin{cases} \varepsilon \to -1 \\ \sigma \to -\infty \end{cases} \quad (10.104)$$

当处于拉伸状态时,如果无限地持续绷紧,得

$$\begin{cases} \varepsilon_t \to +\infty \\ \sigma_t \to +\sigma_0 \end{cases} \quad \text{和} \quad \begin{cases} \varepsilon \to +\infty \\ \sigma \to 0 \end{cases} \quad (10.105)$$

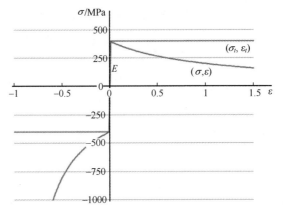

图 10.19　真实应力/应变和工程应力/应变拉伸曲线

因此得到的力/位移曲线将与工程应力/应变曲线相同(力作用的横截面和位移的长度除外)。

问题 2

事实上,在进行压缩试验时,会得到压缩桶效应,如图 10.20 所示。

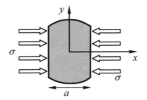

图 10.20　压缩桶效应

这种效应是由于试件和机器夹具间存在摩擦,以防止材料在垂直于力的方向上产生应变(由于泊松效应)。事实上,这种桶效应很难避免,因此必须尽可能降低摩擦系数(甚至添加滚轴以允许材料自由应变,尽管这是一个尴尬的过程,可能会严重干扰应力场)。

为了避免压缩桶效应,可否像对拉伸所做的那样,使用较长试件的方法?显然这是错误的,因为这样会导致试件受压时易发生屈曲。

问题 3

如果进行双向压力试验(图 10.21),则

$$\boldsymbol{\sigma} = \begin{bmatrix} \sigma & 0 & 0 \\ 0 & \sigma & 0 \\ 0 & 0 & 0 \end{bmatrix}_{(x,y,z)}, \quad \sigma < 0 \quad (10.106)$$

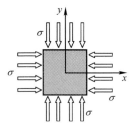

图 10.21 双向压缩

与纯拉伸相同的应力下获得塑性的初始点。事实上,若材料是塑性,那么可以假设其弹性极限由冯·米塞斯准则正确地表示为

$$\sigma_{\text{VM}} = \sqrt{\frac{1}{2}(\sigma_{\text{I}}-\sigma_{\text{II}})^2 + (\sigma_{\text{II}}-\sigma_{\text{III}})^2 + (\sigma_{\text{III}}-\sigma_{\text{I}})^2} = |\sigma| < \sigma_e \quad (10.107)$$

看出冯·米塞斯应力等于 σ 的绝对值,跟拉伸/压缩情况一样。

问题 4

进行这项试验的方法是把梁压在立方单元体上,试验装置允许通过使材料在压缩过程中自由应变的方法来限制桶效应。事实上,这相当于设计一种正交异性材料,其具有较高纵向刚度(相对于梁的压缩刚度),而横向刚度(相对于梁的弯曲刚度)要低得多。

问题 5

当进行三向压缩试验时,塑性永远不会达到(至少在理论上):

$$\boldsymbol{\sigma} = \begin{bmatrix} \sigma & 0 & 0 \\ 0 & \sigma & 0 \\ 0 & 0 & \sigma \end{bmatrix}_{(x,y,z)}, \quad \sigma < 0 \quad (10.108)$$

事实上,这种情况的冯·米塞斯应力为 0,并且无论 σ 值如何,都不会达到塑性。这是因为塑性对静水压力不敏感。但这并不意味着应变为 0,因为如果塑性应变为 0,弹性应变将不为 0(读者可以自己确定该应变)。

10.9 双层材料梁的拉伸

第 1 部分:纯拉伸

问题 1

如图 10.22 所示,当梁处于拉伸状态时,在纯拉伸状态下研究这两种材料的应力是合乎逻辑的。当然,这一解释绝不是一种证明,但是,由于要知道对应这个问题只有一个解,因此,如果提出的解能够满足所有条件(平衡方程、位移和应力边界条件、协调条件、应力/应变关系、位移/应力关系等),那么这个解肯定是正确的解。

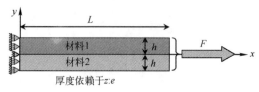

图 10.22 双层材料梁的拉伸

问题 2

方程 $x=L$ 侧的应力矢量之和等于 F,表示为

$$\iint_s \boldsymbol{\sigma}(M,\boldsymbol{x})\mathrm{d}S = \iint_s \boldsymbol{\sigma}\cdot\boldsymbol{x}\mathrm{d}S = F\boldsymbol{x},\quad x=L \tag{10.109}$$

为了便于计算,要对式(10.109)分解为材料1和材料2两个部分进行积分:

$$\iint_s \boldsymbol{\sigma}\cdot\boldsymbol{x}\mathrm{d}S = \iint_{s_1}\boldsymbol{\sigma}\cdot\boldsymbol{x}\mathrm{d}S + \iint_{s_2}\boldsymbol{\sigma}\cdot\boldsymbol{x}\mathrm{d}S = he(a_1+a_2)\boldsymbol{x} = F\boldsymbol{x} \tag{10.110}$$

这里:

$$a_1+a_2=\frac{F}{he} \tag{10.111}$$

问题 3

假设材料是线性弹性材料,均匀且各向同性,则

$$\boldsymbol{\varepsilon}_1 = \begin{bmatrix} \dfrac{a_1}{E_1} & 0 \\ 0 & \dfrac{-\nu_1 a_1}{E_1} \end{bmatrix}_{(x,y)} \quad \text{和} \quad \boldsymbol{\varepsilon}_2 = \begin{bmatrix} \dfrac{a_2}{E_2} & 0 \\ 0 & \dfrac{-\nu_2 a_2}{E_2} \end{bmatrix}_{(x,y)} \tag{10.112}$$

问题 4

如图 10.23 所示,若这种双层材料在 $y=0$ 时约束在一起,则 x 方向的伸长率,即 ε_x,必须相等(稍后再回到这个条件),因此,有

$$\varepsilon_{x1}=\varepsilon_{x2}\Rightarrow\frac{a_1}{E_1}=\frac{a_2}{E_2} \tag{10.113}$$

这里:

$$\begin{cases} a_1 = \dfrac{FE_1}{he(E_1+E_2)} \\ a_2 = \dfrac{FE_2}{he(E_1+E_2)} \end{cases} \tag{10.114}$$

因此,界面约束处的应变一定是连续的,而应力是不连续的。

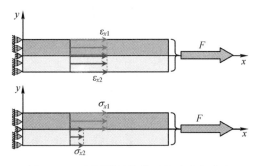

图 10.23 双层材料拉伸时的应力和应变

然而,实际上,这种应力不连续性并没有发生,应力可以在很短的距离内从应力 1 变为应力 2。例如在两种材料之间的黏接界面上,这种结合界面特别值得关注。事实上,可以证明,这在很大程度上是由 τ_{xy} 切应力造成的,这个切应力过大将导致黏合失效。

问题 5

由于材料 1 和材料 2 的应力场和应变场不同,需要找到两种材料不同的位移场,u_1 表示材料 1 的位移场,u_2 表示材料 2 的位移场。从 $u_1(u_1,v_1)$ 位移场开始:

$$\begin{cases} \varepsilon_{x1} = \dfrac{a_1}{E_1} = \dfrac{\partial u_1}{\partial x} \\[2mm] \varepsilon_{y1} = \dfrac{-\nu_1 a_1}{E} = \dfrac{\partial v_1}{\partial y} \\[2mm] \gamma_{xy1} = 0 = \dfrac{\partial u_1}{\partial y} + \dfrac{\partial v_1}{\partial x} \end{cases} \quad (10.115)$$

通过积分前两个方程,得

$$\begin{cases} u_1 = \dfrac{a_1}{E_1} x + f(y) \\[2mm] v_1 = \dfrac{-\nu_1 a_1}{E} y + g(x) \end{cases} \quad (10.116)$$

式中:$f(y)$、$g(x)$ 为两个待定的未知函数。把它们重新插入式(10.115)的第三个等式中,得

$$\dfrac{df}{dy}(y) + \dfrac{dg}{dx}(x) = 0 \Rightarrow \dfrac{df}{dy}(y) = -\dfrac{dg}{dx}(x) = ct_1 \quad (10.117)$$

事实上，如果依赖两个不同变量的两个函数相等，那么它们一定是常数，因此，有

$$\begin{cases} u_1 = \dfrac{a_1}{E_1}x + ct_1 y + ct_2 \\ v_1 = \dfrac{-\nu_1 a_1}{E_1}y - ct_1 x + ct_3 \end{cases} \quad (10.118)$$

为了确定这三个常数，需要使用边界条件。实际上，$\boldsymbol{u}_0$ 矢量(ct_2, ct_3)表示刚体位移场的平移，ct_1 表示绕 z 的旋转，可以通过确定此旋转引起的位移场来表示这个结果：

$$\boldsymbol{\Omega} = -ct_1 \boldsymbol{z} \quad (10.119)$$

$$\boldsymbol{u}_\Omega = \boldsymbol{\Omega} \wedge \boldsymbol{OM} = \begin{bmatrix} 0 \\ 0 \\ -cte_1 \end{bmatrix} \wedge \begin{bmatrix} x \\ y \\ 0 \end{bmatrix} = \begin{bmatrix} ct_1 y \\ -ct_1 x \\ 0 \end{bmatrix} \quad (10.120)$$

本质上，对任何等于刚体位移的位移场，在这里都可以求解。换言之，如果位移场是一个解，那么添加刚体位移场不会改变任何东西，因为它的导数和应变场保持不变。

在这种情况下，由于

$$\begin{cases} u_1(0, y) = 0 \\ v_1(0, 0) = 0 \end{cases} \quad (10.121)$$

以及

$$\begin{cases} u_1 = \dfrac{a_1}{E_1}x \\ v_1 = \dfrac{-\nu_1 a_1}{E_1}y \end{cases} \quad (10.122)$$

对于材料 2 采用相同的方法，得

$$\begin{cases} u_2(x, y) = \dfrac{a_2}{E_2}x = \dfrac{a_1}{E_1}x = u_1(x, y) \\ v_2(x, y) = \dfrac{-\nu_2 a_2}{E_2}y = \dfrac{-\nu_1 a_1}{E_1}y = v_1(x, y) \end{cases} \quad (10.123)$$

可以看到，两个位移场是相等的。一般情况下，可以证明，位移场在束缚界面处是相等的（这里就是这种情况），但不一定在任何地方都相等。

问题 6

从定义平均模量开始。假设给了双层材料,并没有说明是由哪两种不同材料组成的,要求测定它的弹性模量。应该进行拉伸试验,通过 $\overline{\sigma}_x = F/S$ 确定平均应力,再通过 $\overline{\varepsilon}_x = \Delta L/L$ 确定平均应变(其中 $\overline{x}$ 表示平均值),然后根据应变绘制应力曲线。这条曲线的斜率就应该是平均模量,并表示为

$$\begin{cases} \overline{\sigma}_x = \dfrac{F}{S} = \dfrac{F}{2he} = \dfrac{a_1 + a_2}{2} = \dfrac{\sigma_{x1} + \sigma_{x2}}{2} \\ \overline{\varepsilon}_x = \dfrac{\Delta L}{L} = \dfrac{u_1(x=L)}{L} = \dfrac{a_1}{E_1} = \dfrac{a_2}{E_2} = \dfrac{\varepsilon_{x1} + \varepsilon_{x2}}{2} = \varepsilon_{x1} = \varepsilon_{x2} \end{cases} \quad (10.124)$$

顺便说一下,平均应力是两个应力的平均值,应变则是相同的。因此,平均弹性模量显然等于弹性模量的平均值:

$$\overline{E} = \dfrac{\overline{\sigma}_x}{\overline{\varepsilon}_x} = \dfrac{E_1 + E_2}{2} \quad (10.125)$$

问题 7

通过回顾,看到应力场、应变场和位移场几乎是对应问题的解,要满足下面的条件:

(1) 平衡方程得到满足(留给读者进行计算,但考虑应力场是恒定的);
(2) 满足应力应变本构关系;
(3) 满足应变位移关系;
(4) 满足位移边界条件;
(5) 满足 $y=0$ 时束缚界面条件。

更准确地说,两种材料在束缚界面处的位移场应该满足相等条件,就像这里的情况一样。还应该注意,这种情况会导致 x 方向上的应变也相等(这仅在约束位于 x 方向时才是正确的)。

还应验证两种材料的束缚界面处应力矢量相等(否则束缚界面将不平衡)。这里用 $\boldsymbol{\sigma}_1 = (M(x,0), -\boldsymbol{y}) = \boldsymbol{\sigma}_2(M(x,0), \boldsymbol{y})$ 表示,这是经过证明的。应力边界条件几乎得到了验证。实际上,可以证明,在 $y = \pm h$ 时,应力矢量等于外力(此处为 0)。

还要证明施力一侧的应力矢量之和($x=L$)等于 F。作为结论,这种关系可以得到验证(用这个关系式来确定应力):

$$\iint_s \boldsymbol{\sigma}(M,\boldsymbol{x}) \, \mathrm{d}S = \iint_s \boldsymbol{\sigma}\boldsymbol{x} \, \mathrm{d}S = F\boldsymbol{x}, \quad x = L \quad (10.126)$$

然而,尚未验证满足力矩方程。在这里,问题变得更具挑战性。显然,如果在侧面中间施加力,如图 10.24 所示, $x=L$ 和 $y=0$ 处的力将不起作用。

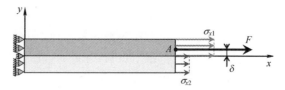

图 10.24 受拉双层材料梁端部的应力

因此,力 F 必须移动一段距离 δ 才能达到平衡。可以通过对这一点的力矩为 0 来确定这个距离:

$$\iint_s \boldsymbol{AM} \wedge \boldsymbol{\sigma}(M,\boldsymbol{x})\mathrm{d}S = \boldsymbol{0}, \quad x = L \tag{10.127}$$

从而得

$$\iint_s \boldsymbol{AM} \wedge \boldsymbol{\sigma}(M,\boldsymbol{x})\mathrm{d}S = \iint_{s_1} \boldsymbol{AM} \wedge \boldsymbol{\sigma}_1(M,\boldsymbol{x})\mathrm{d}S + \iint_{s_2} \boldsymbol{AM} \wedge \boldsymbol{\sigma}_2(M,\boldsymbol{x})\mathrm{d}S = \boldsymbol{0}$$

$$= \int_0^h (y-\delta)\sigma_{x1} e \mathrm{d}y + \int_{-h}^0 (y-\delta)\sigma_{x2} e \mathrm{d}y$$

$$= \left(\frac{h^2}{2} - \delta h\right) E_1 + \left(-\frac{h^2}{2} - \delta h\right) E_2 \tag{10.128}$$

因此,有

$$\delta = \frac{(E_1 - E_2)h}{2(E_1 + E_2)} \tag{10.129}$$

另外,如果取 $E_1 = 3E_2$,可以求得 $\delta = h/4$。

总之,如果能在 A 点施力,那么这个 δ 就是这里的解。实际上,这是通过在机械端点夹具的约束限制了材料绕 z 旋转(图 10.25),并产生约束力矩(相当于移动的施力点)来实现的。

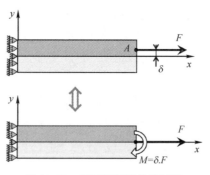

图 10.25 双层材料梁拉伸试验

如果恰好在中间施加力 $F(y=0)$，上面的解将不再是对应这个问题的解，必须继续练习。

第 2 部分：拉伸/弯曲

问题 8

要在 $y=0$ 的点上施加作用力 F，如图 10.26 所示。

图 10.26 双层材料拉伸/弯曲过程中的应变

此处，两种材料的不同刚度将导致在梁上产生 z 方向的弯矩。

从物理角度来讲，这很容易理解：如果材料 1 的刚度比材料 2 更大，则材料 1 更难变形，也就是其应变将小于材料 2（自然规律遵循最小努力的法则，只要付出足够的努力，或许你就不会被淘汰了）。

因此，可以假设应变场为弯曲应变场：

$$\varepsilon_{x1} = \varepsilon_{x2} = a + by \tag{10.130}$$

所以有

$$\begin{cases} \sigma_{x1} = E_1(a+by) = 3E_2(a+by) \\ \sigma_{x2} = E_2(a+by) \end{cases} \tag{10.131}$$

然后可以把 $x=L$ 时的力写成 F：

$$\iint_s \boldsymbol{\sigma}(M,\boldsymbol{x})\,\mathrm{d}S = \iint_s \boldsymbol{\sigma}\boldsymbol{x}\,\mathrm{d}S = \int_0^h \sigma_{x1}e\,\mathrm{d}y + \int_{-h}^0 \sigma_{x2}e\,\mathrm{d}y = F\boldsymbol{x}, \quad x=L \tag{10.132}$$

因此，有

$$E_2(4a+bh) = \frac{F}{he} \tag{10.133}$$

因为 $x=L, y=0$ 时的力矩为 0：

$$\iint_s \boldsymbol{AM} \wedge \boldsymbol{\sigma}(M,\boldsymbol{x})\,\mathrm{d}S = \iint_{s1} \boldsymbol{AM} \wedge \boldsymbol{\sigma}_1(M,\boldsymbol{x})\,\mathrm{d}S$$

$$+ \iint_{s2} \boldsymbol{AM} \wedge \boldsymbol{\sigma}_2(M,\boldsymbol{x})\,\mathrm{d}S = \boldsymbol{0} \tag{10.134}$$

$$= \int_0^h y\sigma_{x1}e\,\mathrm{d}y + \int_{-h}^0 y\sigma_{x2}e\,\mathrm{d}y$$

因此,有

$$a = \frac{-4}{3}bh \tag{10.135}$$

最终得

$$\begin{cases} a = \dfrac{4F}{13eE_2h} \\ b = \dfrac{-3F}{13eE_2h} \end{cases} \tag{10.136}$$

这里给出了一个相当复杂的应力场,如图 10.27 所示。

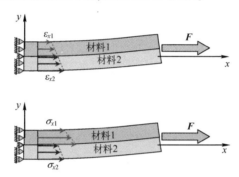

图 10.27 双层材料拉伸/弯曲过程中的应力和应变

因此,应变在整个厚度范围内是连续的(线性变化),而在黏结界面处应变是不连续的(线性变化)。这里显示的所有条件都得到了满足,因此这确实是对应问题的解。

10.10 梁的热膨胀

第 1 部分:单层材料梁

问题 1

假设梁在两端受到约束,如图 10.28 所示,则 x 方向上的应变场为 0(x 方向上没有位移),可以假设应变场为纯拉伸应变场(而且 $\gamma_{xy}=0$),即

$$\boldsymbol{\varepsilon} = \begin{bmatrix} 0 & 0 \\ 0 & \varepsilon_y \end{bmatrix}_{(x,y)} \tag{10.137}$$

然而,在练习做完后,记得要验证所有条件必须得到满足,才能最终确定得到了问题的解。

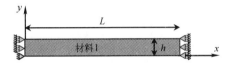

图 10.28　受约束梁的热膨胀

应力场也将是纯拉伸之一：

$$\boldsymbol{\sigma} = \begin{bmatrix} \sigma_x & 0 \\ 0 & 0 \end{bmatrix}_{(x,y)} \quad (10.138)$$

热应变场是由于热膨胀而产生：

$$\boldsymbol{\varepsilon}_{th} = \begin{bmatrix} \alpha\Delta T & 0 \\ 0 & \alpha\Delta T \end{bmatrix}_{(x,y)} \quad (10.139)$$

最后，本构关系导致：

$$\boldsymbol{\varepsilon}_e = \boldsymbol{\varepsilon} - \boldsymbol{\varepsilon}_{th} = \frac{1+\nu}{E}\boldsymbol{\sigma} - \frac{\nu}{E}\mathrm{tr}(\boldsymbol{\sigma})\cdot\boldsymbol{I} \Rightarrow \begin{cases} 0 = \dfrac{\sigma_x}{E} + \alpha\Delta T \\ \varepsilon_y = \dfrac{-\nu\cdot\sigma_x}{E} + \alpha\Delta T \end{cases} \quad (10.140)$$

这里，有

$$\begin{cases} \sigma_x = -\alpha E\Delta T = -252\mathrm{MPa} \\ \varepsilon_y = \alpha(1+\nu)\Delta T = 1560\mu\varepsilon \end{cases} \quad (10.141)$$

由于热膨胀，y 方向上的伸长率为正值，而 x 方向上的应力是由于膨胀受阻而产生的压应力(本质上，材料会膨胀，但由于约束阻碍了膨胀，因此会出现压缩应力)。

可以验证所提出的应力场和应变场确实是此问题的解。

问题 2

假设梁是自由的，如图 10.29 所示，则应力场将为 0：

$$\boldsymbol{\sigma} = \begin{bmatrix} 0 & 0 \\ 0 & 0 \end{bmatrix}_{(x,y)} \quad (10.142)$$

由热膨胀而引起的热应变场为

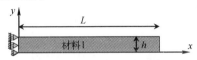

图 10.29　自由梁的热膨胀

$$\boldsymbol{\varepsilon}_{th} = \begin{bmatrix} \alpha\Delta T & 0 \\ 0 & \alpha\Delta T \end{bmatrix}_{(x,y)} \tag{10.143}$$

最后,由应力应变本构关系导致:

$$\boldsymbol{\varepsilon} = \boldsymbol{\varepsilon}_e + \boldsymbol{\varepsilon}_{th} = \frac{1+\nu}{E}\boldsymbol{\sigma} - \frac{\nu}{E}\mathrm{tr}(\boldsymbol{\sigma})\cdot\boldsymbol{I} + \alpha\Delta T\cdot\boldsymbol{I}$$

$$= \begin{bmatrix} \alpha\Delta T & 0 \\ 0 & \alpha\Delta T \end{bmatrix}_{(x,y)} = \begin{bmatrix} 1200 & 0 \\ 0 & 1200 \end{bmatrix}_{(x,y)} (\mu\varepsilon) \tag{10.144}$$

总之,材料需要膨胀,如果任由其膨胀,则不会产生应力。
同样,可以验证给出的应力场和应变场确实是此问题的解。

第 2 部分:双层材料梁

问题 3 如图 10.30 所示。对于总应变,有

$$\boldsymbol{\varepsilon}_1 = \begin{bmatrix} 0 & 0 \\ 0 & \varepsilon_{y1} \end{bmatrix}_{(x,y)} \quad 和 \quad \boldsymbol{\varepsilon}_2 = \begin{bmatrix} 0 & 0 \\ 0 & \varepsilon_{y2} \end{bmatrix}_{(x,y)} \tag{10.145}$$

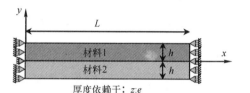

图 10.30 约束双层材料梁的热膨胀

对于应力,有

$$\boldsymbol{\sigma}_1 = \begin{bmatrix} \sigma_{x1} & 0 \\ 0 & 0 \end{bmatrix}_{(x,y)} \quad 和 \quad \boldsymbol{\sigma}_2 = \begin{bmatrix} \sigma_{x2} & 0 \\ 0 & 0 \end{bmatrix}_{(x,y)} \tag{10.146}$$

所以,由热膨胀引起的热应变场为

$$\boldsymbol{\varepsilon}_{th1} = \begin{bmatrix} \alpha_1\Delta T & 0 \\ 0 & \alpha_1\Delta T \end{bmatrix}_{(x,y)} \quad 和 \quad \boldsymbol{\varepsilon}_{th2} = \begin{bmatrix} \alpha_2\Delta T & 0 \\ 0 & \alpha_2\Delta T \end{bmatrix}_{(x,y)} \tag{10.147}$$

对于两种材料使用应力应变本构关系法则,有

$$\begin{cases} \sigma_{x1} = -\alpha_1 E_1 \Delta T = -252\mathrm{MPa} \\ \sigma_{x2} = \alpha_2 E_2 \Delta T = -168\mathrm{MPa} \\ \varepsilon_{y1} = \alpha_1(1+\nu_1)\Delta T = 1560\mu\varepsilon \\ \varepsilon_{y2} = \alpha_2(1+\nu_2)\Delta T = 3120\mu\varepsilon \end{cases} \tag{10.148}$$

综上所述,与单一材料的情况没有差异,这两种材料在没有相互作用的情况下发挥作用。这是因为约束条件(约束处的位移和应力矢量必须相等)是通过单个材料的应变场和应力场验证的。

问题 4

在自由梁的情况下(图 10.31),问题更加复杂。

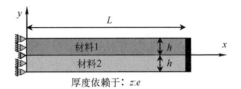

图 10.31 自由双层材料梁的热膨胀

在这种情况下,如果按照与上面相同的逻辑思想,就会得到:

$$\begin{cases} \sigma_{x1} = 0 \\ \sigma_{x2} = 0 \\ \varepsilon_{x1} = \varepsilon_{y1} = \alpha_1 \Delta T = 1200\mu\varepsilon \\ \varepsilon_{x2} = \varepsilon_{y2} = \alpha_2 \Delta T = 2400\mu\varepsilon \end{cases} \quad (10.149)$$

但此处未验证约束条件。事实上,如果两种材料在 x 方向上的应变不同(图 10.32),两种材料的黏结界面伸长率将不同,从而导致黏结失效。

图 10.32 自由双层材料梁热膨胀引起的应变

实际上,两种材料热膨胀系数的差异会导致梁产生弯曲。

可以把这些应变场表示为

$$\boldsymbol{\varepsilon}_1 = \begin{bmatrix} a+by & 0 \\ 0 & \varepsilon_{y1} \end{bmatrix}_{(x,y)} \quad 和 \quad \boldsymbol{\varepsilon}_2 = \begin{bmatrix} a+by & 0 \\ 0 & \varepsilon_{y2} \end{bmatrix}_{(x,y)} \quad (10.150)$$

再次重申,这不是一次证明,应该是最终证明,对应这个应变场,所有问题的条件都得到了验证,这个解确实就是此问题的解。仍然有

$$\boldsymbol{\sigma}_1 = \begin{bmatrix} \sigma_{x1} & 0 \\ 0 & 0 \end{bmatrix}_{(x,y)} \quad 和 \quad \boldsymbol{\sigma}_2 = \begin{bmatrix} \sigma_{x2} & 0 \\ 0 & 0 \end{bmatrix}_{(x,y)} \quad (10.151)$$

其中,x 方向上的应力是 y 方向的预函数。

对两种材料中都应用应力应变本构关系法则：

$$\begin{cases} a+by = \dfrac{\sigma_{x1}}{E_1}+\alpha_1\Delta T \\[4pt] a+by = \dfrac{\sigma_{x2}}{E_2}+\alpha_2\Delta T \\[4pt] \varepsilon_{y1} = \dfrac{-\nu\sigma_{x1}}{E_1}+\alpha_1\Delta T \\[4pt] \varepsilon_{y2} = \dfrac{-\nu\sigma_{x2}}{E_2}+\alpha_2\Delta T \end{cases}, \quad \nu_1=\nu_2=\nu \tag{10.152}$$

因此，有

$$\begin{cases} \sigma_{x1} = 3E_2(a-\alpha_1\Delta T+by) \\ \sigma_{x2} = E_2(a-\alpha_2\Delta T+by) \end{cases} \tag{10.153}$$

然后还要写出梁端的力和力矩为 0：

$$\begin{cases} \iint_s \boldsymbol{\sigma}(M,\boldsymbol{x})\,\mathrm{d}S = \int_0^h \sigma_{x1}e\mathrm{d}y + \int_{-h}^0 \sigma_{x2}e\mathrm{d}y = 0 \\ \iint_s \boldsymbol{AM}\wedge\boldsymbol{\sigma}(M,\boldsymbol{x})\,\mathrm{d}S = \int_0^h y\sigma_{x1}e\mathrm{d}y + \int_{-h}^0 y\sigma_{x2}e\mathrm{d}y = 0 \end{cases} \tag{10.154}$$

所以有两个方程，两个未知数（a 和 b），解得

$$\begin{cases} a = \dfrac{(15\alpha_1+11\alpha_2)\Delta T}{26} = 1.71\times 10^{-3} \\[6pt] b = \dfrac{9(\alpha_1-\alpha_2)\Delta T}{13h} = -1.67\times 10^{-4}\,\mathrm{mm}^{-1} \end{cases} \tag{10.155}$$

因此，应变在整个厚度范围内是连续的（且具有线性变化），而应力在黏结界面处是不连续的（且具有线性变化），如图 10.33 所示。

图 10.33 自由双材料梁的热膨胀应力应变场

为了验证所做的计算,可以表示为

$$\begin{cases} \varepsilon_{x1}(y=h) = 857\mu\varepsilon \\ \varepsilon_{x2}(y=-h) = 2550\mu\varepsilon \\ \sigma_{x1}(y=h) = -68\text{MPa} \\ \sigma_{x1}(y=0) = 101\text{MPa} \\ \sigma_{x2}(y=0) = -48\text{MPa} \\ \sigma_{x2}(y=-h) = 10\text{MPa} \end{cases} \quad (10.156)$$

这再一次证明了所提出的应力场和应变场确实是此问题的解。

10.11 切应力作用下的立方体

问题 1 如图 10.34 所示。通过写出矩之和为 0(例如,在点 O 处),可得

$$M = Fa \quad (10.157)$$

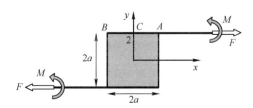

图 10.34 切应力作用下的立方体

问题 2
取应力张量为

$$\boldsymbol{\sigma} = \begin{bmatrix} 0 & K(a^2-x^2) \\ K(a^2-x^2) & 2Kxy \end{bmatrix}_{(x,y)} \quad (10.158)$$

要使这个张量成为该问题的解,需要满足以下条件:
(1) 平衡方程。验证这个张量的散度是否确实为 0。
(2) 应力边界条件。
当 $x = \pm a$ 时,$\boldsymbol{\sigma}(M(\pm a,y),\boldsymbol{n}_{\text{ext}}) = \boldsymbol{\sigma}(M(\pm a,y)) \cdot (\pm \boldsymbol{x}) = \boldsymbol{0}$,确实能够满足。

当 $y = a$ 时,$\begin{cases} \iint_s \boldsymbol{\sigma}(M(x,a),\boldsymbol{y}) \mathrm{d}S = F\boldsymbol{x} \\ \iint_s \boldsymbol{CM} \wedge \boldsymbol{\sigma}(M(x,a),\boldsymbol{y}) \mathrm{d}S = M\boldsymbol{z} \end{cases}$

式中:C 点为方程 $y=a$ 的边的中心。这些条件意味着这一边的所有应力矢量之

和必须等于所施加的力(力和力矩)。

因此,有

$$\begin{cases} \iint_s \tau_{xy}(x,a)\,\mathrm{d}S = F \\ \iint_s \sigma_y(x,a)\,\mathrm{d}S = 0 \\ \iint_s x\sigma_y(x,a)\,\mathrm{d}S = M \end{cases} \quad (10.159)$$

可以证明,第二个方程式是自动满足的,另外两个方程式得出相同的结果,从而允许根据力 F 来确定 K:

$$K = \frac{3F}{8a^4} \quad (10.160)$$

可以证明 $y = -a$ 中的应力边界条件会导致相同的结论(问题是对称的)。

然后需要确定应变张量,对其进行积分以确定位移场,并证明位移边界条件是满足的。这里的问题并没有完全清晰明确,也没有提供这些条件,这并不是很重要的,因为这里最感兴趣的是应力场。

一定要验证提出的应力场确实满足相容条件:

$$\Delta\boldsymbol{\sigma} + \frac{1}{1+\nu}\mathbf{grad}(\mathrm{grad}(\mathrm{tr}\boldsymbol{\sigma})) = \mathbf{0} \quad (10.161)$$

验证确实满足这样的情况。

问题 3

通过在外表面上画出应力矢量(图 10.35),可以了解材料是如何产生应变的,并用图像表示应力边界条件(M 表示 σ_y,F 表示 τ_{xy})。

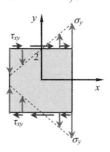

图 10.35 切应力作用下立方体上的应力矢量

问题 4

由于材料是脆性的,可以使用最大/最小正应力准则(最大/最小正应力一定是三个主应力之一):

$$\begin{cases} \text{Max}(\sigma_{\text{I}}, \sigma_{\text{II}}, \sigma_{\text{III}}) < \sigma_{\text{trac}} \\ \text{Min}(\sigma_{\text{I}}, \sigma_{\text{II}}, \sigma_{\text{III}}) > \sigma_{\text{comp}} \end{cases} \quad (10.162)$$

因为这里的问题是平面二维的,所以很明显,把 0 作为第三个主应力,z 作为对应的主应力方向。

还需要确定另外两个主应力,依据下式:

$$\sigma_{\text{I,II}} = K(xy \pm \sqrt{(xy)^2 + (a^2 - x^2)^2}) \quad (10.163)$$

可以在正方形的四个角显示这两个表达式是最大值/最小值。简单地研究这四个点的应力状态,甚至考虑问题的对称性,只要研究两个顶点处的应力状态就可以了:

$$\begin{cases} \boldsymbol{\sigma}(A(a,a)) = \begin{bmatrix} 0 & 0 \\ 0 & 2Ka^2 \end{bmatrix}_{(x,y)} \\ \boldsymbol{\sigma}(B(-a,a)) = \begin{bmatrix} 0 & 0 \\ 0 & -2Ka^2 \end{bmatrix}_{(x,y)} \end{cases} \quad (10.164)$$

由于脆性材料的拉应力通常小于压应力(绝对值),失效将发生在 A 点,裂纹沿垂直于 y 的方向扩展。

当达到失效准则时,将发生失效,因此,有

$$2Ka^2 = \sigma_{\text{trac}} \Rightarrow F = \frac{4}{3} a^2 \sigma_{\text{trac}} \quad (10.165)$$

问题 5

如果材料是塑性的,可以使用特雷斯卡准则(这是塑性开始的准则,而不是失效准则):

$$\sigma_{\text{tresca}} = 2\tau_{\max} = \text{Max}(|\sigma_{\text{I}} - \sigma_{\text{II}}|; |\sigma_{\text{II}} - \sigma_{\text{III}}|; |\sigma_{\text{III}} - \sigma_{\text{I}}|) < \sigma_{\text{e}} \quad (10.166)$$

在这里,得

$$\sigma_{\text{tresca}} = 2\tau_{\max} = 2K\sqrt{(xy)^2 + (a^2 - x^2)^2} \quad (10.167)$$

可以证明,这个准则在 A、B 和 C 处(以及 y 为负的三个对称点)是最大值,即

$$2Ka^2 = \sigma_{\text{e}} \Rightarrow F = \frac{4}{3} a^2 \sigma_{\text{e}} \quad (10.168)$$

因此,塑性将在 A、B 和 C 三点(以及 y 为负的三个对称点)同时开始。对于塑性材料,塑性将从这六个点向外扩散,但不会导致失效(至少不会立即发生失效)。

10.12 球形压力储气罐

问题 1

如图 10.36 所示,前面提到的位移场的形式应为

$$\boldsymbol{u}(r,\theta,\phi) = u(r,\theta,\phi)\boldsymbol{e}_r + v(r,\theta,\phi)\boldsymbol{e}_\theta + w(r,\theta,\phi)\boldsymbol{e}_\phi \tag{10.169}$$

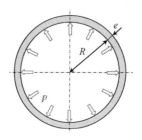

图 10.36 球形压力储气罐

由于此问题是球对称的,因此位移场不是 θ 和 ϕ 的函数(无论 θ 和 ϕ 的值如何,位移都一定相同),并且位移一定是沿 r 方向上(如果在某个点上 ϕ 中有位移,因为平面(O,r,θ)是问题的对称平面,则此位移必然为 0,θ 方向上的位移也是如此)。

因此,有

$$\boldsymbol{u} = (r,\theta,\phi) = u(r)\boldsymbol{e}_r \tag{10.170}$$

问题 2

问题的边界条件只是球体内外的应力边界条件:

(1) 在 $r=R$,$\boldsymbol{\sigma}(M(r=R,\theta,\phi),\boldsymbol{n}_{\text{ext}}) = \boldsymbol{\sigma}(M(R,\theta,\phi))(-\boldsymbol{e}_r) = P\boldsymbol{e}_r$,实质上,球体内的压力是 P,并且是沿 r 方向。

(2) 在 $r=R+e$,$\boldsymbol{\sigma}(M(r=R+e,\theta,\phi),\boldsymbol{n}_{\text{ext}}) = \boldsymbol{\sigma}(M(R,\theta,\phi))(\boldsymbol{e}_r) = \boldsymbol{0}$,实质上,球体外的压力为 0。

问题 3

纳维方程对应于一个平衡方程,在平衡方程中加入了位移和应变之间的关系:

$$\boldsymbol{\varepsilon} = \frac{1}{2}(\operatorname{grad}\boldsymbol{u} + \operatorname{grad}^t\boldsymbol{u}) \tag{10.171}$$

应力和应变之间的本构关系,对于线弹性、均匀和各向同性材料,可以表示为

$$\boldsymbol{\sigma} = 2\mu\boldsymbol{\varepsilon} + \lambda\operatorname{tr}(\boldsymbol{\varepsilon})\cdot\boldsymbol{I} \tag{10.172}$$

这里,唯一不为 0 的方程式是 r 方向的方程式(当然,要熟悉确定球坐标中

的拉普拉斯梯度或散度算符）：

$$(\lambda+2\mu)\left(u''+\frac{2}{r}u'-\frac{2}{r^2}u\right)=0 \qquad (10.173)$$

由于 $\lambda+2\mu$ 不是 0，得到一个二阶微分方程。所以，这个解应该是两个线性无关的解的线性组合。在这里，可以表示为 r^n 的多项式解，得

$$n(n-1)r^{n-2}+\frac{2}{r}nr^{n-1}-\frac{2}{r^2}r^n=0 \qquad (10.174)$$

所以看出特征多项式解是 $n=1$ 和 $n=-2$，因此解为

$$u=Ar+\frac{B}{r^2} \qquad (10.175)$$

式中：A、B 为两个待定常数。

问题 4

应变张量为

$$\boldsymbol{\varepsilon}=\frac{1}{2}(\mathbf{grad}\,u+\mathbf{grad}^{\mathrm{t}}u)=\begin{bmatrix} u' & 0 & 0 \\ 0 & \dfrac{u}{r} & 0 \\ 0 & 0 & \dfrac{u}{r} \end{bmatrix}_{(r,\theta,\phi)}$$

$$=\begin{bmatrix} A-\dfrac{2B}{r^3} & 0 & 0 \\ 0 & A+\dfrac{2B}{r^3} & 0 \\ 0 & 0 & A+\dfrac{2B}{r^3} \end{bmatrix}_{(r,\theta,\phi)} \qquad (10.176)$$

问题 5

相应的应力张量为

$$\boldsymbol{\sigma}=2\mu\boldsymbol{\varepsilon}+\lambda\,\mathrm{tr}(\boldsymbol{\varepsilon})\cdot\boldsymbol{I}$$

$$=\begin{bmatrix} (3\lambda+2\mu)A-\dfrac{4\mu B}{r^3} & 0 & 0 \\ 0 & (3\lambda+2\mu)A+\dfrac{2\mu B}{r^3} & 0 \\ 0 & 0 & (3\lambda+2\mu)A+\dfrac{2\mu B}{r^3} \end{bmatrix}_{(r,\theta,\phi)}$$

$$(10.177)$$

问题 6

由应力边界条件给出：

$$\begin{cases}-\sigma_r(R,\theta,\phi)=P\\ \sigma_r(R+e,\theta,\phi)=0\end{cases}\Rightarrow\begin{cases}(3\lambda+2\mu)A-\dfrac{4\mu B}{R^3}=-P\\ (3\lambda+2\mu)A-\dfrac{4\mu B}{(R+e)^3}=0\end{cases} \quad (10.178)$$

因此，有

$$\begin{cases}A=\dfrac{P}{3\lambda+2\mu}\dfrac{R^3}{(R+e)^3-R^3}\\ B=\dfrac{P}{4\mu}\dfrac{(R+e)^3R^3}{(R+e)^3-R^3}\end{cases} \quad (10.179)$$

问题 7

体积变化率为

$$\frac{\Delta V}{V}=\mathrm{tr}\boldsymbol{\varepsilon}=3A \quad (10.180)$$

当 $A>0$ 时，体积变化率单调为正，体积增大。

问题 8

如果 $e/R<1$，那么可以进行一阶线性展开（记住，$(1+e/R)^n\approx 1+ne/R$）。因此，得

$$\begin{cases}\sigma_r\approx 0\\ \sigma_\theta=\sigma_\phi\approx\dfrac{PR}{2e}\end{cases} \quad (10.181)$$

这是一个非常经典的结果，可以通过写出半球体的平衡方程（见最后一个问题）来得到。

问题 9

如果材料是塑性的，可以使用特雷斯卡准则（这是塑性开始的准则，而不是断裂准则）：

$$\sigma_{\mathrm{tresca}}=2\tau_{\max}=\mathrm{Max}(|\sigma_\mathrm{I}-\sigma_\mathrm{II}|;|\sigma_\mathrm{II}-\sigma_\mathrm{III}|;|\sigma_\mathrm{III}-\sigma_\mathrm{I}|)<\sigma_e \quad (10.182)$$

因为应力张量在这里是对角化的，所以立刻就能得到主应力。从而得

$$\sigma_{\mathrm{tresca}}=2\tau_{\max}=\frac{PR}{2e}<\sigma_e\Rightarrow e_{\mathrm{alu}}>\frac{PR}{2\sigma_e}=17.1\mathrm{mm} \quad (10.183)$$

该物体的质量为

$$M_{\text{alu}} = 4\pi R^2 e_{\text{alu}} \rho_{\text{alu}} = 52\text{kg} \qquad (10.184)$$

问题 10

碳/环氧树脂型复合材料是一种脆性材料。因此,使用最大/最小法正应力准则:

$$\begin{cases} \text{Max}(\sigma_{\text{I}}, \sigma_{\text{II}}, \sigma_{\text{III}}) < \sigma_{\text{trac}} \\ \text{Min}(\sigma_{\text{I}}, \sigma_{\text{II}}, \sigma_{\text{III}}) > \sigma_{\text{comp}} \end{cases} \qquad (10.185)$$

在这里,所有的应力都是正的,因此,有

$$\frac{PR}{2e} < \sigma_{\text{trac}} \Rightarrow e_{\text{tissu}} > \frac{PR}{2\sigma_{\text{e}}} = 8.6\text{mm} \qquad (10.186)$$

对应物体的质量为

$$M_{\text{tissu}} = 4\pi R^2 e_{\text{tissu}} \rho_{\text{tissu}} = 18\text{kg} \qquad (10.187)$$

因此,碳/环氧树脂复合材料结构大约轻了 3 倍。事实上,这种储气罐确实是由复合材料制成的。

问题 11

为了验证问题 8 中的假设,需要计算:

$$\frac{e_{\text{tissu}}}{R} = 2.9\% \qquad (10.188)$$

这一比例小于 1,该假设得到了验证。

问题 12

还要写出半球体的平衡方程。如图 10.37 所示,一方面,它受到压力的作用。所以,需要对这个压力进行积分(它的方向是变化的),或者使用积分的结果,说明这个积分等于压强乘以投影面,这里是 $P\pi R^2$。另一方面,它受到应力 σ_θ(由于厚度 e 小于 R,可以假定它是均匀恒定的)的作用,即 $2\pi R \sigma_\theta$。把这两项列为等式,就会得到先前的结果。

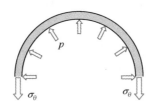

图 10.37 球形压力储气罐的应力

10.13 塑性弯曲

问题 1

如图 10.38 所示,回想一下梁理论或使用练习 17 的结果,弯曲时,应力表示为

$$\sigma_x = \frac{-M_{fz}}{I_z} y \tag{10.189}$$

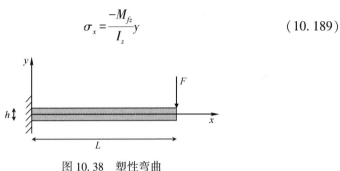

图 10.38 塑性弯曲

式中:M_{fz} 为弯矩,这里:

$$M_{fz}(x) = -F(L-x) \tag{10.190}$$

I_z 横截面(这里是矩形)对 z 轴的二次惯量矩:

$$I_z = \iint_s y^2 \mathrm{d}S = \frac{bh^3}{12} \tag{10.191}$$

得到 x 和 y 的线性应力函数的经典结果,弯矩在固定端最大,如图 10.39 所示。

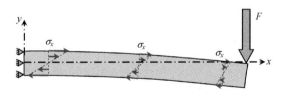

图 10.39 弹性弯曲下梁的应力(见彩插)

还应该证明在横截面的顶部和底部有一个二次切应力 τ_{xy} 为 0,与全横截面情况下的纵向应力 σ_x 相比可以忽略不计(参见练习 17)。在本练习中不考虑这种切应力。

显然,应变场与应力场的形式相同($\varepsilon_x = \sigma_x / E$)。

可以写出 σ_x 在横截面上的积分等于内聚力(内力),从而得到应力场的结果。内聚力当然是由剪力 $T_y = F$ 和弯矩 $M_{fz} = -F(L-x)$ 构成的。如果在横截面

上积分 σ_x 产生的力矩，会直接得到 $K(x)$ 的表达式。如果在横截面上积分 σ_x 产生的力，发现为 0（很容易在图 10.39 中看到所有红色箭头的总和是 0）。为了求出剪力，需要对 τ_{xy} 进行积分，它是二次的，但这里可以忽略。关于弯曲梁的练习，在练习 17 中详细讨论了这一点。

问题 2

在应力最大的地方会出现塑性，若只有这个应力项显然是不够的，因为通常要涉及三维应力张量。由于材质是延展性的（铝），这里假设遵循冯·米塞斯准则：

$$\sigma_{VM} < \sigma_e \tag{10.192}$$

这里，冯·米塞斯准则等于 σ_x 的绝对值：

$$\sigma_{VM} = \sqrt{\frac{1}{2}((\sigma_I - \sigma_{II})^2 + (\sigma_{II} - \sigma_{III})^2 - (\sigma_{III} - \sigma_I)^2)} = |\sigma_x| \tag{10.193}$$

塑性将在 $x=0$ 和 $y=\pm h/2$ 处开始，由力 F_e 得

$$|\sigma_x| = \frac{12 F_e L}{b h^3} \frac{h}{2} = \sigma_e \Rightarrow F_e = \frac{\sigma_e b h^2}{6L} \tag{10.194}$$

问题 3

一旦产生塑性，如图 10.40 所示，塑性就会从这些点通过梁传播。不能像前面那样使用 y 的线性应力函数的分布来确定这些区域，因为应力将在 $\sigma_x = \sigma_e$ 处饱和，而应变 ε_x 将与 y 同时保持线性。为了确定塑性区，需要写出弯矩（$-F(L-x)$），该值等于由分布应力对中性轴所产生的力矩的积分（不要忘记 σ_x 在中心是线性的，然后等于 σ_e）：

$$M_{fz} = -F(L-x) = -\iint_s \sigma_x y \, dS = -2b\left[\int_0^\delta \frac{\sigma_e}{\delta} y^2 dy + \int_\delta^{h/2} \sigma_e y \, dy\right] \tag{10.195}$$

横截面上的应力 σ_x 和应变 ε_x

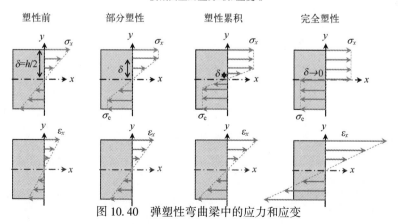

图 10.40 弹塑性弯曲梁中的应力和应变

通过这种方式,就可以确定 δ,该值依赖于 x 和 F,然后画出塑性区扩展图,如图 10.41 所示。

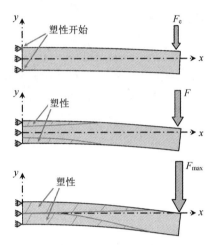

图 10.41 弹塑性弯曲梁中的塑性区

可以计算可能施加到梁上的力的最大值 F_{max}。此力的最大值对应于梁的整个横截面(此处 $x=0$)为塑性($\delta \to 0$)的情况:

$$M_{fz\max} = -F_{\max}L = -\iint_s \pm \sigma_e y \mathrm{d}S = -2b\int_0^{h/2} \sigma_e y \mathrm{d}y \Rightarrow F_{\max} = \frac{\sigma_e b h^2}{4L}$$

(10.196)

因此,得到 $F_{max} = 1.5 F_e$。根据挠度 d,力曲线将在 F_e 处呈线性,然后变为非线性,并向 F_{max} 渐近,如图 10.42 所示。

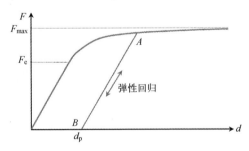

图 10.42 弹塑性弯曲梁的塑性行为

问题 4

若在 A 点开始卸载,此处力已经达到塑性。沿着与初始斜率相同的斜率卸载,观察到梁的塑性应变 d_p(图 10.42)。

因此,在卸载 F 之后(图 10.43),得到了横截面上的应力场,其值为 0:

$$M_{fz}(B) = 0 = -\iint_s \sigma_x y \mathrm{d}S \qquad (10.197)$$

这是形式中的应力场。

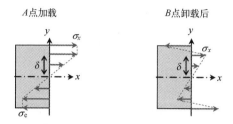

图 10.43 弹塑性弯曲梁中的应力

事实上,从图 10.43 中可以看到加载最多的点($y = \pm h/2$)是那些塑性应变最大的点,因此在卸载后再加载时会产生负应力。

10.14 径向拉伸圆盘

第 1 部分:传统方法

问题 1

如图 10.44 所示,由于圆盘很薄,可以认为是平面应力状态(而厚的圆盘则是平面应变的状态)。此外,该问题在中心 O 处呈现中心对称,表示为 $\tau_{r\theta} = 0$,因此,有

$$\boldsymbol{\sigma} = \begin{bmatrix} \sigma_r & 0 & 0 \\ 0 & \sigma_\theta & 0 \\ 0 & 0 & 0 \end{bmatrix}_{(r,\theta,z)} \qquad (10.198)$$

所以,形式上应变表示为

$$\boldsymbol{\varepsilon} = \frac{1+\nu}{E}\boldsymbol{\sigma} - \frac{\nu}{E}\mathrm{tr}(\boldsymbol{\sigma}) \cdot \boldsymbol{I} = \frac{1}{E}\begin{bmatrix} \sigma_r - \nu\sigma_\theta & 0 & 0 \\ 0 & \sigma_\theta - \nu\sigma_r & 0 \\ 0 & 0 & -\nu(\sigma_r + \sigma_\theta) \end{bmatrix}_{(r,\theta,z)}$$

$$(10.199)$$

不能同时既是平面应力状态又是平面应变状态。

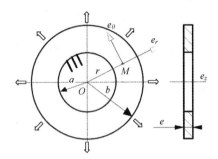

图 10.44　圆盘径向拉伸

问题 2

前面位移场的形式应该表示为

$$\boldsymbol{u}(r,\theta,z)=u(r,\theta,z)\boldsymbol{e}_r+v(r,\theta,z)\boldsymbol{e}_\theta+w(r,\theta,z)\boldsymbol{e}_z \qquad (10.200)$$

由于问题是中心对称的,所以位移不是 θ 的函数(无论 θ 的值如何,位移值都必须相同),并且沿 θ 方向上的位移一定为 0(如果在某一点在 θ 方向上有位移,因为平面(O,r,z)是问题的对称平面,那么该位移一定为 0)。

因此,有

$$\boldsymbol{u}(r,\theta,z)=u(r,z)\boldsymbol{e}_r+w(r,z)\boldsymbol{e}_z \qquad (10.201)$$

最后几个条件是最难证明的(u 不是 z 的函数,w 也不是 r 的函数),而且在下面将看到,它们只有近似值。

若假设应力在厚度上是均匀的,那么应变也是均匀的,所以位移 u 不是 z 的函数。若假设 $\varepsilon_{rz}=0$,必然意味着 w 不是 r 的函数(大家可以写出位移梯度),可以看出 $\partial w/\partial r=0$,所以假设:

$$\boldsymbol{u}(r,\theta,z)=u(r)\boldsymbol{e}_r+w(z)\boldsymbol{e}_z \qquad (10.202)$$

使用纳维方程:

$$\mu\cdot\boldsymbol{\Delta}(\boldsymbol{u})+(\lambda+\mu)\mathbf{grad}(\mathrm{div}\boldsymbol{u})+\boldsymbol{f}_V=\boldsymbol{0} \qquad (10.203)$$

可以看出:

$$\begin{cases} \dfrac{\partial^2 u}{\partial r^2}+\dfrac{1}{r}\dfrac{\partial u}{\partial r}-\dfrac{u}{r^2}=0 \\ \dfrac{\partial^2 w}{\partial z^2}=0 \end{cases} \qquad (10.204)$$

这样就得到了方程的解:

$$\begin{cases} u=Ar+\dfrac{B}{r} \\ w=C+Dz \end{cases} \qquad (10.205)$$

式中:A、B、C 和 D 为积分常数。

问题 3

需要给出边界条件,以便确定积分常数。位移边界条件要求内半径的径向位移为 0,圆盘一侧的 z 位移为 0(例如,$z=0$):

$$\begin{cases} u(r=a)=0 \\ w(z=0)=0 \end{cases} \quad (10.206)$$

通过这种方式,便可以确定 B 和 C,因此,有

$$\begin{cases} u=A\left(r-\dfrac{a^2}{r}\right) \\ w=Dz \end{cases} \quad (10.207)$$

现在可以确定应变:

$$\boldsymbol{\varepsilon}=\frac{1}{2}(\mathbf{grad}\,u+\mathbf{grad}^t u)=\begin{bmatrix} A\left(1+\dfrac{a^2}{r^2}\right) & 0 & 0 \\ 0 & A\left(1-\dfrac{a^2}{r^2}\right) & 0 \\ 0 & 0 & D \end{bmatrix}_{(r,\theta,z)} \quad (10.208)$$

此外,要满足平面应力假设,必须具备:

$$\sigma_z=\lambda(\varepsilon_r+\varepsilon_\theta)+(\lambda+2\mu)\varepsilon_z=0 \quad (10.209)$$

因此,有

$$D=\frac{-\lambda}{\lambda+2\mu}A \quad (10.210)$$

对于应力:

$$\boldsymbol{\sigma}=2\mu\boldsymbol{\varepsilon}+\lambda\,\mathrm{tr}(\boldsymbol{\varepsilon})\cdot\boldsymbol{I}$$

$$=\begin{bmatrix} 2A\mu\left(1+\dfrac{a^2}{r^2}+\dfrac{2\lambda}{\lambda+2\mu}\right) & 0 & 0 \\ 0 & 2A\mu\left(1-\dfrac{a^2}{r^2}+\dfrac{2\lambda}{\lambda+2\mu}\right) & 0 \\ 0 & 0 & 0 \end{bmatrix}_{(r,\theta,z)} \quad (10.211)$$

将应力边界条件写在 $r=b$ 处,以确定常数 A:

$$\boldsymbol{\sigma}(M(r=b,\theta,z),\boldsymbol{n}_{\mathrm{ext}})=\boldsymbol{\sigma}(M(b,\theta,z))\boldsymbol{e}_r=P\boldsymbol{e}_r,\quad r=b \quad (10.212)$$

因此,有

$$\sigma_r(b)=P\Rightarrow A=\frac{P}{2\mu\left(\dfrac{3\lambda+2\mu}{\lambda+2\mu}+\dfrac{a^2}{b^2}\right)} \quad (10.213)$$

所以,在应用数值方法后,得

$$\begin{cases} u(b) = 6.35\times 10^{-2}\text{mm} \\ \sigma_r(a) = 149\text{MPa} \\ \sigma_r(b) = 100\text{MPa} \\ \sigma_\theta(a) = 44.7\text{MPa} \\ \sigma_\theta(b) = 93.6\text{MPa} \end{cases} \quad (10.214)$$

当然,可以看到 $\sigma_r(b) = P$ 的边界条件确实得到了验证。

对于法矢量 e_r 对应的面,在 $r=a$ 处,达到最大应力状态(意味着最大正应力,即假设材料是脆性的情况下)。因此,如果裂纹可能扩展,裂纹将在 (θ,z) 面内扩展。

第2部分:基于能量的方法

问题4

最简单的位移场选择是取 r 的线性函数:

$$\boldsymbol{u}(r,\theta,z) = A'(r-a)\boldsymbol{e}_r \quad (10.215)$$

这个选择允许考虑 $r=a$ 时存在的零位移。

里兹法允许确定所提出的最优函数(如果有精确解,根据应变能和外力功之差,它将为 0)。因此,如果提出函数是很恰当的,将得到恰当的解,否则只会发现提出的函数属于"最不适合"的函数。

在这个位移场的选择中,可以看到应力不是平面应力:

$$\boldsymbol{\varepsilon} = \begin{bmatrix} A' & 0 & 0 \\ 0 & A'\left(1-\dfrac{a}{r}\right) & 0 \\ 0 & 0 & 0 \end{bmatrix}_{(r,\theta,z)} \quad (10.216)$$

事实上:

$$\boldsymbol{\sigma} = \begin{bmatrix} A'\left(2(\lambda+\mu)-\lambda\dfrac{a}{r}\right) & 0 & 0 \\ 0 & A'\left(2(\lambda+\mu)-(\lambda+2\mu)\dfrac{a}{r}\right) & 0 \\ 0 & 0 & A'\lambda\left(2-\dfrac{a}{r}\right) \end{bmatrix}_{(r,\theta,z)} \quad (10.217)$$

要使应力成为平面应力,需要对位移场进行更广泛的选择,例如:

$$\boldsymbol{u}(r,\theta,z) = A'(r-a)\boldsymbol{e}_r + B'z\boldsymbol{e}_z \quad (10.218)$$

通过对 B' 施加一个条件,就会得到平面应力。

问题 5

需要确定应变能：

$$E_{\mathrm{d}} = \frac{1}{2}\iiint_V \boldsymbol{\sigma}:\boldsymbol{\varepsilon}\mathrm{d}V = \frac{1}{2}2\pi e\int_{r=a}^{b}(\sigma_x\varepsilon_x + \sigma_y\varepsilon_y)\mathrm{d}r \qquad (10.219)$$

这个计算相对麻烦，这里直接给出：

$$E_{\mathrm{d}} = \pi A'^2 e\left(4(\lambda+\mu)\left(\frac{b^2-a^2}{2}-a(b-a)\right) + (\lambda+2\mu)a^2\ln\left(\frac{b}{a}\right)\right) \qquad (10.220)$$

问题 6

然后要计算外力的功。该功作用在 $r=b$ 整个盘周上（通过施加压力 P，产生的位移 $u(b)$）：

$$W_{\mathrm{ext}} = \frac{1}{2}\iint_{sb} Pu(b)\mathrm{d}S = \frac{1}{2}2\pi ePA'(b-a) \qquad (10.221)$$

问题 7

现在只需要写出 $(E_{\mathrm{d}}-W_{\mathrm{ext}})$ 的最小值，就是 A' 的最佳值，所以，有

$$\frac{\partial(E_{\mathrm{d}}-W_{\mathrm{ext}})}{\partial A'} = 0 \qquad (10.222)$$

通过计算，得

$$A' = \frac{Pb(b-a)}{2(\lambda+\mu)(a-b)^2 + (\lambda+2\mu)a^2(\ln b - \ln a)} \qquad (10.223)$$

问题 8

给出以下数值计算解：

$$\begin{cases} u(b) = 4.69\times10^{-2}\mathrm{mm} \\ \sigma_r(a) = 84.2\mathrm{MPa} \\ \sigma_r(b) = 111\mathrm{MPa} \\ \sigma_\theta(a) = 36.1\mathrm{MPa} \\ \sigma_\theta(b) = 99.3\mathrm{MPa} \end{cases} \qquad (10.224)$$

请注意，这里并未验证 $\sigma_r(b)=P$ 边界条件。这对于基于能量法来说是典型的，唯一遵守的边界条件是在选择施加的位移场时所给出的那些条件（选择施加的位移场为 $u(a)=0$）。

可以看出，位移场有很大的差异：传统方法的位移场为 $6.35\times10^{-2}\mathrm{mm}$，而基于能量的方法为 $4.69\times10^{-2}\mathrm{mm}$。

实际上，这种差异很大程度上是由平面应力假设造成的。如果重复本练习的第一部分，选择平面应变假设（适用于厚盘的假设），会看到：

$$u(r) = A''\left(r - \frac{a^2}{r}\right) \tag{10.225}$$

其中：

$$A'' = \frac{P}{2\left(\lambda + \mu\left(1 + \frac{a^2}{b^2}\right)\right)} \tag{10.226}$$

因此，在 $r=b$ 处存在 $0.047\mathrm{mm}$ 的位移，这与基于能量法得到的结论是一致的。

10.15　弯曲梁：里兹法求解

问题 1

如图 10.45 所示。为了确保用里兹法得到的解是恰当的，尽可能满足边界条件。边界条件要求在 $x=0$ 和 $x=L$ 处位移为 0，因此梁的中性层的位移场（选择正弦函数）为

$$v_0(x) = \delta \sin\left(\frac{\pi x}{L}\right) \tag{10.227}$$

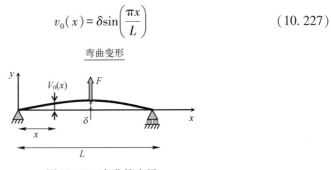

图 10.45　弯曲简支梁

用所描绘的函数可以自行证明，这个解的形式与所需的解的形式确实是一致的。

问题 2

用上面的函数，就可以确定中性层的位移。当然，在应用里兹法之前，还要用全位移场来确定应变场，然后是应力场。为此，需要假设变形后的横截面仍然是直的平面，并且与中性层垂直。还要注意，横截面的转角在一阶近似上等于函数 v_0 的一阶导数，如图 10.46 所示。

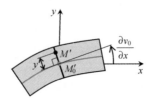

图 10.46　弯曲梁动力学

因此,有

$$\begin{cases} u(x,y) \approx \dfrac{-\partial v_0}{\partial x} y = -\delta \dfrac{\pi}{L} \cos\left(\dfrac{\pi x}{L}\right) \\ v(x,y) \approx v_0(x) = \delta \sin\left(\dfrac{\pi x}{L}\right) \end{cases} \quad (10.228)$$

还应该注意,如果假设转角很小,横截面上所有点在 y 方向上的位移是相同的。

问题 3

应变场为

$$\boldsymbol{\varepsilon} = \dfrac{1}{2}(\mathbf{grad}\,\boldsymbol{u} + \mathbf{grad}^{\mathrm{t}}\,\boldsymbol{u}) = \begin{bmatrix} \delta\left(\dfrac{\pi}{L}\right)^2 y \sin\left(\dfrac{\pi x}{L}\right) & 0 \\ 0 & 0 \end{bmatrix}_{(x,y)} \quad (10.229)$$

在一阶近似下,弯曲只产生线应变 ε_x,将在下一个问题中还要再次考虑这一点。

问题 4

应力场为

$$\boldsymbol{\sigma} = 2\mu\boldsymbol{\varepsilon} + \lambda\,\mathrm{tr}(\boldsymbol{\varepsilon}) \cdot \boldsymbol{I}$$

$$\begin{bmatrix} (\lambda+2\mu)\delta\left(\dfrac{\pi}{L}\right)^2 y \sin\left(\dfrac{\pi x}{L}\right) & 0 \\ 0 & \lambda\delta\left(\dfrac{\pi}{L}\right)^2 y \sin\left(\dfrac{\pi x}{L}\right) \end{bmatrix}_{(x,y)} \quad (10.230)$$

因此,这个应力场 σ_x 符合弯曲应力场,如图 10.47 所示。

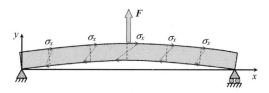

图 10.47 简支弯曲梁的应力

另外,应力场 σ_y 是错误的(所以不会要求绘出它)。这里还看出切应力场 τ_{xy} 为 0,但实际情况并非如此。事实上,可以证明,平衡方程得出了抛物线状的切应力场 τ_{xy},τ_{xy} 在梁的顶部和底部为 0,中心则为最大值(有关更多详细信息,参见练习 17)。

问题 5

可以确定应变能为

$$E_d = \frac{1}{2}\iiint_V \boldsymbol{\sigma}:\boldsymbol{\varepsilon}\,dV = \frac{1}{2}\int_{x=0}^{L}\int_s \sigma_x \varepsilon_x \,dSdx = \frac{1}{4}(\lambda + 2\mu)\delta^2 \frac{\pi^4}{L^3}I_z \quad (10.231)$$

式中:I_z 为横截面的二次惯性矩:

$$I_z = \iint_s y^2 dS \quad (10.232)$$

下一步,要确定外力的作用。此处支撑力不起作用(因为位移为 0),只有梁中心的力起作用:

$$W_{\text{ext}} = \frac{1}{2}Fv_0(x=L/2) = \frac{1}{2}F\delta \quad (10.233)$$

只需写出 $E_d - W_{\text{ext}}$ 取最小值时,δ 为最佳值,因此,有

$$\frac{\partial (E_d - W_{\text{ext}})}{\partial \delta} = 0 \quad (10.234)$$

给出:

$$\delta = \frac{2FL^3}{\pi^4(\lambda+2\mu)I_z} \quad (10.235)$$

可以将此结果与精确解进行比较(例如,可以通过回顾有关梁的课程或阅读文献[1]给出的相关内容):

$$\delta = \frac{FL^3}{48EI_z} \quad (10.236)$$

在此,有

$$\lambda + 2\mu = \frac{(1-\nu)E}{(1+\nu)(1-2\nu)} \quad (10.237)$$

得出结论并自己进行比较:

$$\frac{\pi^4(1-\nu)}{2(1+\nu)(1-2\nu)} \text{ 和 } 48 \quad (10.238)$$

当 $\nu=0$ 时,第一个系数为 48.7 时,基于能量的方法得到的结果质量很好。另外,如果 $\nu=0.3$,系数为 65.6,结果不正确。事实上,这里错误的不是基于能量的方法,而是关于应力/应变张量形式的假设。用于位移场的假设要求唯一的非零应变张量分量 ε_x,因此应力张量的三个对角线项是非零的。实际看到相反的情况:只有应力张量的 σ_x 项是非零的,应变张量的三个对角项就是由此产生的。如果采用这个假设,就会得到 $\sigma_x = E\varepsilon_x$,所以,有

$$\delta = \frac{2FL^3}{\pi^4 EI_z} \quad (10.239)$$

与梁的精确解相比,这是一个非常好的结果(几乎是精确的,因为即使这个梁的

解也是近似解)。

10.16 开孔板的应力集中

如图 10.48 所示,由

$$\boldsymbol{\sigma}(M) = \begin{bmatrix} \sigma_r & \tau_{r\theta} & 0 \\ \tau_{r\theta} & \sigma_\theta & 0 \\ 0 & 0 & 0 \end{bmatrix}_{(r,\theta,z)} \quad (10.240)$$

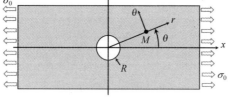

图 10.48 开孔板拉伸试验

得到:

$$\begin{cases} \dfrac{\sigma_r}{\sigma_0} = \dfrac{1}{2}\left[1 - \dfrac{1}{\rho^2} + \left(1 - \dfrac{4}{\rho^2} + \dfrac{3}{\rho^4}\right)\cos 2\theta\right] \\ \dfrac{\sigma_\theta}{\sigma_0} = \dfrac{1}{2}\left[1 + \dfrac{1}{\rho^2} - \left(1 + \dfrac{3}{\rho^4}\right)\cos 2\theta\right], \quad \rho = \dfrac{r}{R} \\ \dfrac{\tau_{r\theta}}{\sigma_0} = -\dfrac{1}{2}\left(1 + \dfrac{2}{\rho^2} - \dfrac{3}{\rho^4}\right)\sin 2\theta \end{cases} \quad (10.241)$$

问题 1

为了证明这个应力场就是该问题的解,必须证明能够验证问题应该满足的所有条件,例如:

(1) 平衡方程。弯曲可以证明应力张量的散度为

$$\mathbf{div}(\boldsymbol{\sigma}) = \mathbf{0} \quad (10.242)$$

因为体积力为 0。别忘了用柱面坐标来表示散度。

(2) 应力边界条件。

① 在孔处,即在 $\rho = 1$ 中,外力为 0,因此,有

$$\boldsymbol{\sigma}(M(\rho=1), \boldsymbol{n}_{\text{ext}}) = \boldsymbol{\sigma}(M(\rho=1))(-\boldsymbol{e}_r) = \mathbf{0} \quad (10.243)$$

因此,可以证明这个关系式是正确的。

② 在无穷远处,即为 $\rho \to +\infty$ 时,法矢量 $\boldsymbol{y}$ 所对应的一个面的外力为 0,法矢

量 x 的面的外力等于 $\sigma_0 x$：

$$\begin{cases} \boldsymbol{\sigma}(M(\rho\to+\infty),\boldsymbol{x}) = \sigma_0 \boldsymbol{x} \\ \boldsymbol{\sigma}(M(\rho\to+\infty),\boldsymbol{y}) = \boldsymbol{0} \end{cases} \tag{10.244}$$

可以证明这些关系确实是可以经过验证的。可以在柱坐标或笛卡儿坐标下完成计算，但是当进行量值比较或相乘（矢量或张量）时，必须都在同一坐标系中。例如，可以从证明以下内容开始：

$$\boldsymbol{\sigma} \underset{\rho\to+\infty}{\to} \begin{bmatrix} \sigma_0 \cos^2\theta & -\sigma_0 \cos\theta\sin\theta & 0 \\ -\sigma_0 \cos\theta\sin\theta & \sigma_0 \sin^2\theta & 0 \\ 0 & 0 & 0 \end{bmatrix}_{(r,\theta,z)} = \begin{bmatrix} \sigma_0 & 0 & 0 \\ 0 & 0 & 0 \\ 0 & 0 & 0 \end{bmatrix}_{(x,y,z)}$$

$$\tag{10.245}$$

可以确定应变场，然后验证应变场确实满足了相容条件，并对该应变场进行积分，最终确定位移场。实际上，可以证明相容条件并不完全满足，并且所提出的解也不是精确解（但是一个很好的近似解）。由于这一协调条件并不完全满足，也就不能积分应变场来确定位移场，至少不能在三维中（虽然在二维中，可以证明这是可能的）积分来确定位移场。

总之，提出的应力场是一个很好的近似解，但不是这里的精确解。

问题 2 如图 10.49 所示。

$r=R$ 中非零应力的唯一分量是 σ_θ。

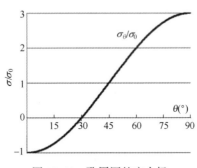

图 10.49 孔周围的应力场

问题 3

孔边缘的应力集中因子在孔的边缘处可以清晰得到，即在 $r=R$ 处，并且拉伸时：

$$K_t = 3$$

这是一个经典的结果，值得保留下来。

当板上做一个小孔,孔的大小与周围结构相比尺寸很小(例如,位于远离周围孔的地方,这种情况很少发生)时,边缘的应力因子是3。换言之,由于孔很小这个实际情况,结构的强度将降低,要除以3。事实上,这一结果对于脆性材料是正确的,但对于塑性延展材料则不是。对于塑性延展材料,孔边缘的应力集中导致局部塑性,使孔边缘的应力分布变得平滑,从而降低应力集中(与接受的不惜一切代价避免应力集中的概念相反,塑性实际上可以对结构的强度产生积极影响)。甚至还可以证明,这一结果不适用于脆性材料,脆性材料可能自身损伤。例如航空结构中使用的复合材料(如碳纤维和环氧树脂的单向层合板)。在这种情况下,损伤(就基体裂纹、分层和局部纤维失效而言)起到了与塑性相同的作用,并降低了损伤引起的应力集中(与人们认为必须不惜一切代价避免损伤的观念相反,损伤实际上可能对结构的强度产生一定的积极影响)。

此外,如果达到结构失效,由于 σ_θ 是唯一的非零应力,裂纹在 (r,z) 面上扩展,从 $r=R$ 和 $\theta=\pi/2$ 开始,因此在孔的顶部($x=0$ 和 $y=R$)也是如此,正如可以很好地预期的那样。压缩时:

$$K_t = 1$$

事实上,上面的曲线比看起来要复杂得多。观察到应力集中因子为3。无论是拉伸还是压缩,这一结果都是正确的。换言之,如果施加拉伸,看到的拉应力是施加的拉力的3倍,如果施加压缩,看到的压应力是施加的压力的3倍。但同时,在拉伸测试过程中,看到与施加的应力相同值的压缩(绝对值和 $r=R$ 及 $\theta=0$),而在压缩测试期间将看到与施加的应力相同值的拉伸(绝对值和 $r=R$ 及 $\theta=0$ 相同)。这个结果比前一个结果更不直观。

因此,如果使用材料是塑性延展材料,其拉伸和压缩的弹性极限量级相同,则塑性的起点将是在 $r=R$ 和 $\theta=\pi/2$ 处,应力集中因子 K_t 为3,且拉伸和压缩都是如此。但如果使用的是脆性材料,因为脆性材料在拉伸状态下的失效极限远小于压缩时的失效极限(绝对值),那么在拉伸状态下,应力集中因子 K_t 为3时,结构将在 $r=R$ 和 $\theta=\pi/2$ 处达到失效状态;而在压缩状态下,应力集中因子 K_t 为1的情况下,在 $r=R$ 和 $\theta=0$ 处达到失效状态。

10.17 弯 曲 梁

第1部分:应力张量

问题1

如图10.50所示,用隔离法将梁切开,并取右侧部分:

$$\left\{\begin{matrix} \boldsymbol{F} \\ \boldsymbol{M}(G) \end{matrix}\right\}_{\text{ext}/r} + \left\{\begin{matrix} \boldsymbol{F} \\ \boldsymbol{M}(G) \end{matrix}\right\}_{l/r} = \left\{\begin{matrix} \boldsymbol{0} \\ \boldsymbol{0} \end{matrix}\right\} \tag{10.246}$$

式中:G 为所讨论的横截面 $S(x)$ 的质心。因此,左、右侧向 G 点简化的力和矩为

$$\left\{\begin{matrix} \boldsymbol{F} \\ \boldsymbol{M}(G) \end{matrix}\right\}_{r/l} = \left\{\begin{matrix} \boldsymbol{F} \\ \boldsymbol{M}(G) \end{matrix}\right\}_{\text{ext}/r} \tag{10.247}$$

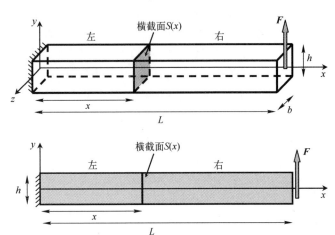

图 10.50 弯曲梁

右边唯一的力是力 F,向 G 点简化,因此得到一个力和一个力矩:

$$\left\{\begin{matrix} \boldsymbol{F} \\ \boldsymbol{M}(G) \end{matrix}\right\}_{r/l} = \left\{\begin{matrix} T_y \boldsymbol{y} \\ M_z(G)\boldsymbol{z} \end{matrix}\right\} = \left\{\begin{matrix} F\boldsymbol{y} \\ F(L-x)\boldsymbol{z} \end{matrix}\right\} \tag{10.248}$$

剪力 T_y 将产生切应力 τ_{xy}(法矢量 x 的面在 y 方向的应力),弯矩 M_z 将产生法向正应力 σ_x(法向矢量 x 面沿 x 方向的应力)。

问题 2

应力张量需要用来验证平衡方程(这里没有体积力):

$$\mathbf{div}\boldsymbol{\sigma} + \boldsymbol{f}_V = \mathbf{div}\boldsymbol{\sigma} = \boldsymbol{0} \tag{10.249}$$

还要满足相容性条件,相容性条件以应力的形式表示,应力与应变要满足应力应变本构关系法则(以确保一旦确定了应变张量,就可以对其进行积分以确定位移):

$$\Delta\boldsymbol{\sigma} + \frac{1}{1+\nu}\mathbf{grad}(\mathbf{grad}(\text{tr}\boldsymbol{\sigma})) = \frac{-\nu}{1+\nu}\text{div}(\boldsymbol{f}_V) \cdot \boldsymbol{I} - (\mathbf{grad}^t \boldsymbol{f}_V + \mathbf{grad}\boldsymbol{f}_V) \tag{10.250}$$

它还需要满足如下应力边界条件(此处以二维形式给出):

(1) 在顶部,有
$$\boldsymbol{\sigma}(M(x,h/2),\boldsymbol{y}) = \boldsymbol{0}$$
(2) 在底部,有
$$\boldsymbol{\sigma}(M(x,-h/2),-\boldsymbol{y}) = \boldsymbol{0}$$
(3) 在梁的右侧,有
$$\begin{cases} \iint_{SL} \boldsymbol{\sigma}(M(L,y),\boldsymbol{x})\mathrm{d}S = F\boldsymbol{y} \\ \iint_{SL} \boldsymbol{GM} \wedge \boldsymbol{\sigma}(M(L,y),\boldsymbol{x})\mathrm{d}S = \boldsymbol{0} \end{cases}$$

式中:$G(L,0)$ 为梁右侧的重心。当然,不能假设这部分的应力是均匀的,事实上,下面将证明这个部分的应力确实不是均匀的。

接下来需要满足位移边界条件。本质上,需要通过本构关系来确定应变张量:

$$\boldsymbol{\varepsilon} = \frac{1+\nu}{E}\boldsymbol{\sigma} - \frac{\nu}{E}\mathrm{tr}(\boldsymbol{\sigma}) \cdot \boldsymbol{I} \tag{10.251}$$

然后积分以确定位移:

$$\boldsymbol{\varepsilon} = \frac{1}{2}(\mathbf{grad}\boldsymbol{u} + \mathbf{grad}^{\mathrm{t}}\boldsymbol{u}) \tag{10.252}$$

并验证位移场是否满足边界条件:

$$\boldsymbol{u}(M(0,y)) = \boldsymbol{0} \tag{10.253}$$

考虑到对应力张量形式所做的假设,可以证明这个边界条件并不完全满足。

问题 3

平衡方程式给出:

$$\begin{cases} \dfrac{\partial \sigma_x}{\partial x} + \dfrac{\partial \tau_{xy}}{\partial y} = 0 \\ \dfrac{\partial \tau_{xy}}{\partial x} + \dfrac{\partial \sigma_y}{\partial y} = 0 \end{cases} \tag{10.254}$$

因此,假设 σ_x 的形式表达为

$$\begin{cases} \tau_{xy} = K\dfrac{y^2}{2} + f(x) \\ \sigma_y = f'(x)y + g(x) \end{cases} \tag{10.255}$$

式中:f、g 为两个关于 x 的待定函数。

然后,在顶部和底部给出边界条件:

$$\begin{cases} \tau_{xy}(x, \pm h/2) = 0 \\ \sigma_y(x, \pm h/2) = 0 \end{cases} \tag{10.256}$$

因此得

$$\begin{cases} f(x) = K\dfrac{h^2}{8} \\ g(x) = 0 \end{cases} \quad (10.257)$$

并且

$$\begin{cases} \tau_{xy} = \dfrac{K}{2}\left(y^2 - \dfrac{h^2}{4}\right) \\ \sigma_{yy} = 0 \end{cases} \quad (10.258)$$

还可以在梁的右侧写出边界条件：

$$\iint_{SL} \boldsymbol{\sigma}(M(L,y), \boldsymbol{x})\mathrm{d}S$$
$$= \int_{y=-h/2}^{h/2} \int_{z=-b/2}^{b/2} \dfrac{K}{2}\left(y^2 - \dfrac{h^2}{4}\right) \boldsymbol{y}\,\mathrm{d}y\mathrm{d}z = F\boldsymbol{y} \quad (10.259)$$

然后，根据 F 得到 K 的值：

$$K = \dfrac{-12F}{bh^3} \quad (10.260)$$

可以证明，该边的第二个边界条件是自动满足的：

$$\iint_{SL} \boldsymbol{GM} \wedge \boldsymbol{\sigma}(M(L,y), \boldsymbol{x})\mathrm{d}S$$
$$= \int_{y=-h/2}^{h/2} \int_{z=-b/2}^{b/2} \dfrac{K}{2}\left(y^2 - \dfrac{h^2}{4}\right) \boldsymbol{x} \wedge y z\,\mathrm{d}y\mathrm{d}z = \boldsymbol{0} \quad (10.261)$$

问题 4

σ_x 形式是 y 的线性函数，如图 10.51 所示。在顶部有拉伸（$K \ll 0$），在下部有压缩，因为线性形式显然是满足平衡方程的最简单的函数。此外，因为弯矩作用，σ_x 是 x 的线性函数。在梁的右侧，因为是弯矩作用，σ_x 为 0，最大值在 $x = 0$。

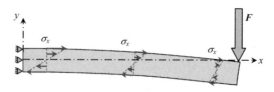

图 10.51 弯曲梁中的应力

问题 5

画出任意横截面 x 坐标的 σ_x 和 τ_{xy}，如图 10.52 所示。

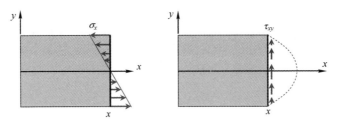

图 10.52　弯曲梁中的应力

如图 15.52 所示，σ_x 是 y 的线性函数，最大值和最小值分别在底部和顶部，抛物线 τ_{xy} 的零点在顶部和底部，最大值在中心。很明显 σ_x 应力在 x 方向（法向矢量 x 的面），很明显 τ_{xy} 应力在 y 方向（法向矢量 x 的面），考虑到抛物线分布形式很难清楚表示，因此在 x 上用绘制的虚线曲线表示（但是，这并不意味着该应力在 x 方向）。

然后计算应力在面上的积分：

$$\iint_{Sx} \boldsymbol{\sigma}(M,\boldsymbol{x})\mathrm{d}S$$
$$= \int_{y=-h/2}^{h/2}\int_{z=-b/2}^{b/2}\left(K(L-x)\boldsymbol{x} + \frac{K}{2}\left(y^2 - \frac{h^2}{4}\right)\boldsymbol{y}\right)\mathrm{d}y\mathrm{d}z = F\boldsymbol{y} \tag{10.262}$$

此时矩为

$$\iint_{Sx} \boldsymbol{GM} \wedge \boldsymbol{\sigma}(M,\boldsymbol{x})\mathrm{d}S$$
$$= \int_{y=-h/2}^{h/2}\int_{z=-b/2}^{b/2}\left(K(L-x)\boldsymbol{x} + \frac{K}{2}\left(y^2 - \frac{h^2}{4}\right)\boldsymbol{y}\right) \wedge y\boldsymbol{y}\mathrm{d}y\mathrm{d}z \tag{10.263}$$
$$= F(L-x)\boldsymbol{z}$$

当然，这个计算很像对 $x=L$ 中的边界条件进行的计算。

显然，这里已经找到了问题 1 中确定的内力向 G 点简化的力和矩。

问题 6

铝是一种延展性材料。因此，需要选择冯·米塞斯准则（或特雷斯卡准则）：

$$\overline{\sigma} < \sigma_e \tag{10.264}$$

要计算这个冯·米塞斯等效应力，重要的是，确定应力最大的位置：

$$\overline{\sigma} = \sqrt{\frac{3}{2}\mathbf{dev}\boldsymbol{\sigma}:\mathbf{dev}\boldsymbol{\sigma}} = \sqrt{\sigma_x^2 + 3\tau_{xy}^2} = |K|\sqrt{(L-x)^2 y^2 + \frac{3}{4}\left(y^2 - \frac{h^2}{4}\right)^2} \tag{10.265}$$

这里是二向应力情况，$\sigma_y = 0$，因此得到了冯·米塞斯等效应力的简化表达式,显然在三维普遍情况下并不成立。

在根号下,有两个正项的求和,所以这个总和在 $x=L$ 处是最大的,并且为

$$\overline{\sigma}_{\max} = |K| \sqrt{\frac{3}{4}y^4 + \left(L^2 - \frac{3h^2}{8}\right)y^2 + \frac{3h^4}{64}} \quad (10.266)$$

在根号下,有三个正项的总和(如 $L>h$),所以这个总和在 $y=\pm h/2$ 时最大,并且为

$$\overline{\sigma}_{\max} = \frac{|K|Lh}{2} \quad (10.267)$$

本质上,冯·米塞斯最大准则是在坐标为 $(0, \pm h/2)$ 的两个点上达到的,并且是上述的值。

问题 7

所以在准则限定下,得

$$|K_{\lim}| = \frac{2\sigma_e}{KLh} \quad (10.268)$$

因此,有

$$F_{\lim} = \frac{bh^2\sigma_e}{6L} \quad (10.269)$$

一旦达到这个准则,梁将在两个点 $(0, \pm h/2)$ 开始变为塑性。如果超过这个值,就会产生塑性应变和梁的不可逆变形。事实上,冯·米塞斯准则是塑性开始的准则,而不是失效准则。

问题 8

玻璃是一种脆性材料,所以要选择最大主应力准则:

$$\max(\sigma_\mathrm{I}, \sigma_\mathrm{II}, \sigma_\mathrm{III}) < \sigma_r \quad (10.270)$$

剩下的就是计算最大主应力,最重要的是计算最大主应力的方位:

$$\begin{cases} \sigma_\mathrm{I} = \frac{\sigma_x}{2} + \sqrt{\left(\frac{\sigma_x}{2}\right)^2 + \tau_{xy}^2} = \frac{K(L-x)y}{2} + \frac{|K|}{2}\sqrt{(L-x)^2 y^2 + \left(y^2 - \frac{h^2}{4}\right)^2} \\ \sigma_\mathrm{II} = \frac{\sigma_x}{2} - \sqrt{\left(\frac{\sigma_x}{2}\right)^2 + \tau_{xy}^2} = \frac{K(L-x)y}{2} - \frac{|K|}{2}\sqrt{(L-x)^2 y^2 + \left(y^2 - \frac{h^2}{4}\right)^2} \\ \sigma_\mathrm{III} = 0 \end{cases}$$

$$(10.271)$$

注意,这里是二维的,$\sigma_y = 0$,因此得到了主应力的简化表达式,但这显然不是正确的。还可以顺便验证,如果 $\sigma_x = 0$,确实找到了两个主应力 $\pm\tau_{xy}$,如果 $\tau_{xy} = 0$,确实找到了两个主应力 σ_x 和 0。

在根号下有两个正项的总和,所以这个总和在 $x=L$ 时是最大的,并且,考虑到 y 可以有相同的正值和负值,对于 $y<0$(由于 $K<0$),可以得到最大值:

$$\max(\sigma_\mathrm{I},\sigma_\mathrm{II},\sigma_\mathrm{III})=\frac{|K|}{2}\left(-Ly+\sqrt{L^2y^2+\left(y^2-\frac{h^2}{4}\right)^2}\right) \quad (10.272)$$

因此,有

$$\max(\sigma_\mathrm{I},\sigma_\mathrm{II},\sigma_\mathrm{III})=\frac{|K|}{2}\left(-Ly+\sqrt{y^4+\left(L^2-\frac{h^2}{2}\right)y^2+\frac{h^4}{16}}\right) \quad (10.273)$$

在根号下,有三个正项的总和(因为 $L>h$),所以这个总和在 $y=-h/2$ 处最大(因为 $y<0$),并且为

$$\overline{\sigma}_{\max}=\frac{|K|Lh}{2} \quad (10.274)$$

本质上,最大正应力准则是在点 $(0,-h/2)$ 处达到的,并且具有上面的值。

问题 9

因此,在临界极限下,得

$$|K_{\lim}|=\frac{2\sigma_r}{KLh} \quad (10.275)$$

因此,有

$$F_{\lim}=\frac{bh^2\sigma_r}{6L} \quad (10.276)$$

一旦达到这个准则,梁将在点 $(0,-h/2)$ 处开始断裂。事实上,最大主应力准则是一种破坏准则。此外,在 $\tau_{xy}=0$ 的点,将看到裂纹垂直于 σ_x 并沿 y 方向扩展。

第 2 部分:应变张量和位移

问题 10

假设材料是线性弹性、均匀且各向同性的,则有

$$\boldsymbol{\varepsilon}=\frac{1+\nu}{E}\boldsymbol{\sigma}-\frac{\nu}{E}\mathrm{tr}(\boldsymbol{\sigma})\cdot\boldsymbol{I} \quad (10.277)$$

因此,有

$$\begin{cases}\varepsilon_x=\dfrac{K}{e}(L-x)y\\[2mm] \varepsilon_y=\dfrac{-\nu K}{e}(L-x)y\\[2mm] \gamma_{xy}=\dfrac{K(1+\nu)}{E}\left(y^2-\dfrac{h^2}{4}\right)\end{cases} \quad (10.278)$$

问题 11

如果 $\nu = 0$：

$$\begin{cases} \varepsilon_x = \dfrac{K}{e}(L-x)y \\ \varepsilon_y = 0 \\ \gamma_{xy} = \dfrac{K}{E}\left(y^2 - \dfrac{h^2}{4}\right) \end{cases} \quad (10.279)$$

则要把应变和位移的关系结合起来：

$$\boldsymbol{\varepsilon} = \dfrac{1}{2}(\mathbf{grad}\,u + \mathbf{grad}^t u) \quad (10.280)$$

因此，有

$$\begin{cases} \dfrac{\partial u}{\partial x} = \dfrac{K}{e}(L-x)y \\ \dfrac{\partial v}{\partial y} = 0 \\ \dfrac{\partial u}{\partial y} + \dfrac{\partial v}{\partial x} = \dfrac{K}{E}\left(y^2 - \dfrac{h^2}{4}\right) \end{cases} \quad (10.281)$$

$$\Rightarrow \begin{cases} u = \dfrac{-K}{2E}x^2 y + \dfrac{K}{E}Lxy + f(y) \\ v = g(x) \\ \dfrac{-K}{2.E}x^2 + \dfrac{K}{E}Lx + f'(y) + g'(x) = \dfrac{K}{E}\left(y^2 - \dfrac{h^2}{4}\right) \end{cases}$$

式中：$f(y)$、$g(x)$ 为两个待定函数。最后一个方程是只有关于 x 项函数和只有 y 的其他项函数的和，因此，有

$$g'(x) - \dfrac{K}{2E}x^2 + \dfrac{K}{E}Lx = \dfrac{K}{E}\left(y^2 - \dfrac{h^2}{4}\right) - f'(y) = ct_1 \quad (10.282)$$

式中：ct_1 为常量。因此，有

$$\begin{cases} u = \dfrac{-K}{2E}x^2 y + \dfrac{K}{E}Lxy + \dfrac{K}{3E}y^3 - \dfrac{K}{E}\dfrac{h^2}{4}y - ct_1 y + ct_2 \\ v = \dfrac{K}{6E}x^3 - \dfrac{K}{2E}Lx^2 + ct_1 x + ct_3 \end{cases} \quad (10.283)$$

通过写出这三个边界条件，可得

$$\begin{cases} u = \dfrac{-K}{2E}x^2y + \dfrac{K}{E}Lxy + \dfrac{K}{3E}y^3 - \dfrac{Kh^2}{12E}y \\ v = \dfrac{K}{6E}x^3 - \dfrac{K}{2E}Lx^2 - \dfrac{Kh^2}{6E}x \end{cases} \qquad (10.284)$$

问题 12

实际上,可以看出来,这三个边界条件的值可以确定所有的积分常数 ct_1、ct_2 和 ct_3。当然,这不是偶然的,边界条件在二维需要约束所有(在 x 和 y 方向)两个平移和一次旋转(绕 z 方向)的刚性位移场。可以看到,前两个边界条件通过固定夹具点$(0,0)$来阻止平移,第三个边界条件阻止围绕该点的转动。

问题 13

挠度定义为点$(L,0)$在 y 方向上的位移,因此,有

$$\delta = v(L,0) = \dfrac{-KL^3}{3E} - \dfrac{KLh^2}{6E} \qquad (10.285)$$

如果 $L \gg h$,得

$$\delta = \dfrac{-KL^3}{3E} = \dfrac{4FL^3}{Ebh^3} = \dfrac{FL^3}{3EI_z} \qquad (10.286)$$

注意:得 $K = -1.92 \text{N/m}^4$。

第 3 部分:有限元比较

关于单位的说明:在有限元计算程序中,可以选择任何单位,但要简单地使用相关单位。通常使用长度单位为 mm 和力的单位为 N,因此应力单位为 MPa。

问题 14

如果 $L \ll h(L/h = 20)$,得

$$\begin{cases} u = \dfrac{-K}{2E}x^2y + \dfrac{K}{E}Lxy \\ v = \dfrac{K}{6E}x^3 - \dfrac{K}{2E}Lx^2 \end{cases} \qquad (10.287)$$

固定端的位移 v 为 0,在 $x=L$ 有最大值。数值计算应用给出 3.2mm 的挠度,并证明 v 不是 y 的函数。

计算得到的 u 比 v 小得多(根据前面的关系,在一阶近似下),在固定约束处为 0,在 $x=L$ 处为最大值。这里验证了它是 y 的线性函数,在$(L,h/2)$处达到最大值,并且为 0.12mm,其在$(L,-h/2)$达到最小值,为-0.12mm。

关于 σ_x:

σ_x 是 x 和 y 的线性函数,在 $x=L$ 和 $y=0$ 处 σ_x 为 0。在$(0,-h/2)$处 σ_x 最大

值为 480MPa，在 $(0,h/2)$ 处 σ_x 最小值为 -480MPa。数值计算得到的是 485MPa，但不能忘记，计算出来的应力只适用于远离边界条件的地方（圣维南原理），因为最大值确实是在边界条件下达到的。遗憾的是，这种情况经常发生。

关于 σ_y：

根据计算，σ_y 处处为 0。但同样，计算只适用于远离边界条件的地方（圣维南原理），在那里应力是非常低的。此外，在有限元计算中，施加的位移约束为 0，在材料固定端约束的地方，分析模型并没有验证这个结果，施加的约束为

$$\begin{cases} u(x=0,y=0)=0 \\ v(x=0,y=0)=0 \\ u(x=0,y=h/2)=0 \end{cases} \quad (10.288)$$

可以证明，在固定约束处强行施加零位移会产生 σ_y 应力，而解析计算则要复杂得多。

关于 τ_{xy}：

可以证明，τ_{xy} 在 $y=0$ 处最大，在 $y=\pm h/2$ 处为 0，不是 x 的函数，当然在边界条件下除外（圣维南原理）。应用数值计算给出的最大值为 6.0MPa，在这里基本上得到了验证，因为该尺度适合于边界条件下的扰动。

关于 σ_{vM}：

得到的冯·米塞斯应力近似等于 σ_x 的绝对值（τ_{xy} 可以忽略）。通过分析计算可以得到最大值为 480MPa。这个值发生在 $(0,\pm h/2)$ 处。正如分析所得到的一样。

事实上，可以证明，弯曲梁的尺寸必须满足 σ_x。这只适用于确实是一个梁，即 $L \gg h$ 并且横截面是完整的。其实，对于空心梁，如管筒，其切应力是不能忽略的。

关于 $\mathrm{Max}(\sigma_\mathrm{I},\sigma_\mathrm{II})$：

得到的最大主应力近似等于正的 σ_x 值（τ_{xy} 可以忽略）。通过分析可以得到最大值为 480MPa。这个值在 $(0,\pm h/2)$ 处达到，正如分析所得到的那样。

关于 $\mathrm{Min}(\sigma_\mathrm{I},\sigma_\mathrm{II})$：

得到的最小主应力近似等于 σ_x 的负值（因为 τ_{xy} 可以忽略）。可以通过分析得到最小值为 -480MPa。这个应力值发生在 $(0,h/2)$ 处。

附录:解 析 公 式

A1　笛卡儿坐标下的解析公式

图 A.1 所示为笛卡儿坐标系,标量场的梯度为

$$\mathbf{grad}\, f = \frac{\partial f}{\partial x}\mathbf{x} + \frac{\partial f}{\partial y}\mathbf{y} + \frac{\partial f}{\partial z}\mathbf{z} = f_{,i} = \nabla f \tag{A.1}$$

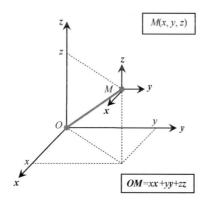

图 A.1　点在笛卡儿坐标系中的坐标

矢量场的散度为

$$\mathrm{div}\,\mathbf{V} = \frac{\partial V_x}{\partial x} + \frac{\partial V_y}{\partial y} + \frac{\partial V_z}{\partial z} = \mathrm{tr}(\mathbf{grad}f) = f_{i,i} = \nabla \cdot \mathbf{V} \tag{A.2}$$

标量场的拉普拉斯算子为

$$\Delta f = \frac{\partial^2 f}{\partial x^2} + \frac{\partial^2 f}{\partial y^2} + \frac{\partial^2 f}{\partial z^2} = f_{,ii} \tag{A.3}$$

矢量场的旋度为

$$\mathbf{rot}\,\mathbf{V} = \left[\frac{\partial V_z}{\partial y} - \frac{\partial V_y}{\partial z}\right]\mathbf{x} + \left[\frac{\partial V_x}{\partial z} - \frac{\partial V_z}{\partial x}\right]\mathbf{y} + \left[\frac{\partial V_y}{\partial x} - \frac{\partial V_x}{\partial y}\right]\mathbf{z} = \nabla \wedge \mathbf{V} \tag{A.4}$$

梯度张量为

$$\mathbf{grad}\,V = \begin{bmatrix} \dfrac{\partial V_x}{\partial x} & \dfrac{\partial V_x}{\partial y} & \dfrac{\partial V_x}{\partial z} \\ \dfrac{\partial V_y}{\partial x} & \dfrac{\partial V_y}{\partial y} & \dfrac{\partial V_y}{\partial z} \\ \dfrac{\partial V_z}{\partial x} & \dfrac{\partial V_z}{\partial y} & \dfrac{\partial V_z}{\partial z} \end{bmatrix} = V_{i,j} = \nabla\,\boldsymbol{V} \tag{A.5}$$

张量场的散度为

$$\mathrm{div}\,\boldsymbol{T} = \begin{bmatrix} \dfrac{\partial T_{xx}}{\partial x} & \dfrac{\partial T_{xy}}{\partial y} & \dfrac{\partial T_{xz}}{\partial z} \\ \dfrac{\partial T_{yx}}{\partial x} & \dfrac{\partial T_{yy}}{\partial y} & \dfrac{\partial T_{yz}}{\partial z} \\ \dfrac{\partial T_{zx}}{\partial x} & \dfrac{\partial T_{zy}}{\partial y} & \dfrac{\partial T_{zz}}{\partial z} \end{bmatrix} = T_{ij,j} = \nabla \cdot \boldsymbol{T} \tag{A.6}$$

还要注意(无论坐标类型如何,这都是正确的):

$$\Delta \boldsymbol{u} = \mathbf{grad}(\mathrm{div}\,\boldsymbol{u}) - \mathbf{rot}(\mathbf{rot}\,\boldsymbol{u}) \tag{A.7}$$

矢量场的拉普拉斯算子为

$$\Delta \boldsymbol{V} = \begin{bmatrix} \Delta V_x \\ \Delta V_y \\ \Delta V_z \end{bmatrix} \tag{A.8}$$

张量场的拉普拉斯算子为

$$\Delta \boldsymbol{\sigma} = \begin{bmatrix} \Delta \sigma_x & \Delta \tau_{xy} & \Delta \tau_{xz} \\ \Delta \tau_{xy} & \Delta \sigma_y & \Delta \tau_{yz} \\ \Delta \tau_{xz} & \Delta \tau_{yz} & \Delta \sigma_z \end{bmatrix} \tag{A.9}$$

A2　柱坐标下的解析公式

图 A.2 所示为柱坐标系,标量场的梯度为

$$\mathbf{grad}\,f = \dfrac{\partial f}{\partial r}\boldsymbol{r} + \dfrac{1}{r}\dfrac{\partial f}{\partial \theta}\boldsymbol{\theta} + \dfrac{\partial f}{\partial z}\boldsymbol{z} \tag{A.10}$$

矢量场的散度为

$$\mathrm{div}\,\boldsymbol{V} = \dfrac{V_r}{r} + \dfrac{\partial V_r}{\partial r} + \dfrac{1}{r}\dfrac{\partial V_\theta}{\partial \theta} + \dfrac{\partial V_z}{\partial z} \tag{A.11}$$

标量场的拉普拉斯算子为

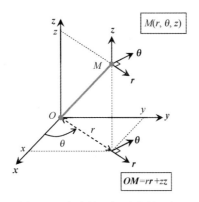

图 A.2 点在柱坐标系中的坐标

$$\Delta f = \frac{\partial^2 f}{\partial r^2} + \frac{1}{r}\frac{\partial f}{\partial r} + \frac{1}{r^2}\frac{\partial^2 f}{\partial \theta^2} + \frac{\partial^2 f}{\partial z^2} \tag{A.12}$$

矢量场的旋度为

$$\mathbf{rot}\,V = \left[\frac{1}{r}\frac{\partial V_z}{\partial \theta} - \frac{\partial V_\theta}{\partial z}\right]\mathbf{r} + \left[\frac{\partial V_r}{\partial z} - \frac{\partial V_z}{\partial r}\right]\mathbf{\theta} + \left[\frac{V_\theta}{r} + \frac{\partial V_\theta}{\partial r} - \frac{1}{r}\frac{\partial V_r}{\partial \theta}\right]\mathbf{z} \tag{A.13}$$

梯度张量为

$$\mathbf{grad}\,V = \begin{bmatrix} \dfrac{\partial V_r}{\partial r} & \dfrac{1}{r}\dfrac{\partial V_r}{\partial \theta} - \dfrac{V_\theta}{r} & \dfrac{\partial V_r}{\partial z} \\ \dfrac{\partial V_\theta}{\partial r} & \dfrac{1}{r}\dfrac{\partial V_\theta}{\partial \theta} + \dfrac{V_r}{r} & \dfrac{\partial V_\theta}{\partial z} \\ \dfrac{\partial V_z}{\partial r} & \dfrac{1}{r}\dfrac{\partial V_z}{\partial \theta} & \dfrac{\partial V_z}{\partial z} \end{bmatrix} \tag{A.14}$$

张量场的散度为

$$\mathrm{div}\,\mathbf{T} = \begin{bmatrix} \dfrac{\partial T_{rr}}{\partial r} + \dfrac{1}{r}\dfrac{\partial T_{\theta r}}{\partial \theta} + \dfrac{\partial T_{zr}}{\partial z} + \dfrac{T_{rr} - T_{\theta\theta}}{r} \\ \dfrac{\partial T_{r\theta}}{\partial r} + \dfrac{1}{r}\dfrac{\partial T_{\theta\theta}}{\partial \theta} + \dfrac{\partial T_{z\theta}}{\partial z} + \dfrac{T_{r\theta} + T_{\theta r}}{r} \\ \dfrac{\partial T_{rz}}{\partial r} + \dfrac{1}{r}\dfrac{\partial T_{\theta z}}{\partial \theta} + \dfrac{\partial T_{zz}}{\partial z} + \dfrac{T_{rz}}{r} \end{bmatrix} \tag{A.15}$$

矢量场的拉普拉斯算子为

$$\Delta \boldsymbol{V} = \begin{bmatrix} \Delta V_r - \dfrac{V_r}{r^2} - \dfrac{2}{r^2}\dfrac{\partial V_\theta}{\partial \theta} \\ \Delta V_\theta + \dfrac{2}{r^2}\dfrac{\partial V_r}{\partial \theta} - \dfrac{V_\theta}{r^2} \\ \Delta V_z \end{bmatrix} \tag{A.16}$$

张量场的拉普拉斯算子为

$$\Delta \boldsymbol{\sigma} = \begin{bmatrix} \Delta\sigma_r - \dfrac{2}{r^2}\left(2\dfrac{\partial \tau_{r\theta}}{\partial \theta}+\sigma_r-\sigma_\theta\right) & \Delta\tau_{r\theta}+\dfrac{2}{r^2}\left(\dfrac{\partial(\sigma_r-\sigma_\theta)}{\partial \theta}-2\tau_{r\theta}\right) & \Delta\tau_{rz}-\dfrac{1}{r^2}\left(2\dfrac{\partial \tau_{\theta z}}{\partial \theta}+\tau_{rz}\right) \\ \Delta\tau_{r\theta}+\dfrac{2}{r^2}\left(\dfrac{\partial(\sigma_r-\sigma_\theta)}{\partial \theta}-2\tau_{r\theta}\right) & \Delta\sigma_\theta+\dfrac{2}{r^2}\left(2\dfrac{\partial \tau_{r\theta}}{\partial \theta}+\sigma_r-\sigma_\theta\right) & \Delta\tau_{\theta z}+\dfrac{1}{r^2}\left(2\dfrac{\partial \tau_{r\theta}}{\partial \theta}+\tau_{\theta z}\right) \\ \Delta\tau_{rz}-\dfrac{1}{r^2}\left(2\dfrac{\partial \tau_{\theta z}}{\partial \theta}+\tau_{rz}\right) & \Delta\tau_{\theta z}+\dfrac{1}{r^2}\left(2\dfrac{\partial \tau_{r\theta}}{\partial \theta}+\tau_{\theta z}\right) & \Delta\sigma_z \end{bmatrix}$$
$$\tag{A.17}$$

A3　球坐标下的解析公式

如图 A.3 所示，标量场的梯度为

$$\mathbf{grad}f = \dfrac{\partial f}{\partial \rho}\boldsymbol{\rho} + \dfrac{1}{\rho}\dfrac{\partial f}{\partial \varphi}\boldsymbol{\varphi} + \dfrac{1}{\rho\sin\varphi}\dfrac{\partial f}{\partial \theta}\boldsymbol{\theta} \tag{A.18}$$

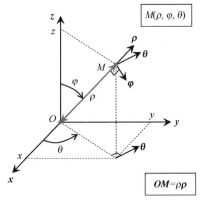

图 A.3　一个点在球坐标中的坐标

矢量场的散度为

$$\mathrm{div}\boldsymbol{V} = \dfrac{1}{\rho^2}\dfrac{\partial}{\partial \rho}(\rho^2 V_\rho) + \dfrac{1}{\rho\sin\varphi}\dfrac{\partial}{\partial \varphi}(V_\varphi\sin\varphi) + \dfrac{1}{\rho\sin\varphi}\dfrac{\partial V_\theta}{\partial \theta} \tag{A.19}$$

标量场的拉普拉斯算子为

$$\Delta f = \frac{\partial^2 f}{\partial \rho^2} + \frac{2}{\rho}\frac{\partial f}{\partial \rho} + \frac{1}{\rho^2}\frac{\partial^2 f}{\partial \varphi^2} + \frac{1}{\rho^2 \tan\varphi}\frac{\partial f}{\partial \varphi} + \frac{1}{\rho^2 \sin^2\varphi}\frac{\partial^2 f}{\partial \theta^2} \quad (A.20)$$

矢量场的旋度为

$$\begin{aligned}\mathbf{rot}\,V = &\frac{1}{\rho^2 \sin\varphi}\left[\frac{\partial}{\partial \varphi}(\rho V_\theta \sin\varphi) - \frac{\partial}{\partial \theta}(\rho V_\varphi)\right]\boldsymbol{\rho} \\ &+ \frac{1}{\rho \sin\varphi}\left[\frac{\partial V_\rho}{\partial \theta} - \frac{\partial}{\partial \rho}(\rho V_\theta \sin\varphi)\right]\boldsymbol{\varphi} + \frac{1}{\rho}\left[\frac{\partial}{\partial \rho}(\rho V_\varphi) - \frac{\partial V_\rho}{\partial \varphi}\right]\boldsymbol{\theta}\end{aligned} \quad (A.21)$$

梯度张量为

$$\mathbf{grad}\,V = \begin{bmatrix} \dfrac{\partial V_\rho}{\partial \rho} & \dfrac{\partial V_\varphi}{\partial \rho} & \dfrac{\partial V_\theta}{\partial \rho} \\[2mm] \dfrac{1}{\rho}\dfrac{\partial V_\rho}{\partial \varphi} - \dfrac{V_\varphi}{\rho} & \dfrac{1}{\rho}\dfrac{\partial V_\varphi}{\partial \varphi} + \dfrac{V_\rho}{\rho} & \dfrac{1}{\rho}\dfrac{\partial V_\theta}{\partial \varphi} \\[2mm] \dfrac{1}{\rho\sin\varphi}\dfrac{\partial V_\rho}{\partial \theta} - \dfrac{V_\theta}{\rho} & \dfrac{1}{\rho\sin\varphi}\dfrac{\partial V_\varphi}{\partial \theta} - \dfrac{V_\theta}{\rho\tan\varphi} & \dfrac{1}{\rho\sin\varphi}\dfrac{\partial V_\theta}{\partial \theta} + \dfrac{V_\rho}{\rho} + \dfrac{V_\varphi}{\rho\tan\varphi} \end{bmatrix} \quad (A.22)$$

张量场的散度为

$$\mathrm{div}\,\boldsymbol{T} = \begin{bmatrix} \dfrac{\partial T_{\rho\rho}}{\partial \rho} + \dfrac{1}{\rho}\dfrac{\partial T_{\varphi\rho}}{\partial \varphi} + \dfrac{1}{\rho\sin\varphi}\dfrac{\partial T_{\theta\rho}}{\partial \theta} + \dfrac{2T_{\rho\rho} - T_{\theta\theta} - T_{\varphi\varphi} + T_{\varphi\rho}\cot\varphi}{\rho} \\[2mm] \dfrac{\partial T_{\rho\varphi}}{\partial \rho} + \dfrac{1}{\rho}\dfrac{\partial T_{\varphi\varphi}}{\partial \varphi} + \dfrac{1}{\rho\sin\varphi}\dfrac{\partial T_{\theta\varphi}}{\partial \theta} + \dfrac{2T_{\rho\varphi} + T_{\varphi\rho} + (T_{\varphi\varphi} - T_{\theta\theta})\cot\varphi}{\rho} \\[2mm] \dfrac{\partial T_{\rho\theta}}{\partial \rho} + \dfrac{1}{\rho}\dfrac{\partial T_{\varphi\theta}}{\partial \varphi} + \dfrac{1}{\rho\sin\varphi}\dfrac{\partial T_{\theta\theta}}{\partial \theta} + \dfrac{\partial T_{\theta\theta}}{\partial \theta} + \dfrac{2T_{\rho\theta} + T_{\theta\rho} + (T_{\varphi\theta} + T_{\theta\varphi})\cot\varphi}{\rho} \end{bmatrix} \quad (A.23)$$

矢量场的拉普拉斯算子为

$$\Delta\boldsymbol{V} = \begin{bmatrix} \Delta V_\rho - 2\dfrac{V_\rho}{\rho^2} - \dfrac{2}{\rho^2}\dfrac{\partial V_\varphi}{\partial \varphi} - \dfrac{2V_\varphi}{\rho^2\tan\varphi} - \dfrac{2}{\rho^2\sin\varphi}\dfrac{\partial V_\theta}{\partial \theta} \\[2mm] \Delta V_\varphi + \dfrac{2}{\rho^2}\dfrac{\partial V_\rho}{\partial \varphi} - \dfrac{V_\varphi}{\rho^2\sin^2\varphi} - \dfrac{2\cos\varphi}{\rho^2\sin^2\varphi}\dfrac{\partial V_\theta}{\partial \theta} \\[2mm] \Delta V_\theta + \dfrac{2}{\rho^2\sin\varphi}\dfrac{\partial V_\rho}{\partial \theta} + \dfrac{2\cos\varphi}{\rho^2\sin^2\varphi}\dfrac{\partial V_\varphi}{\partial \theta} - \dfrac{V_\theta}{\rho^2\sin^2\varphi} \end{bmatrix} \quad (A.24)$$

其中：

$$\Delta = \frac{\partial^2}{\partial \rho^2} + \frac{2}{\rho}\frac{\partial}{\partial \rho} + \frac{1}{\rho^2}\frac{\partial^2}{\partial \varphi^2} + \frac{1}{\rho^2\tan\varphi}\frac{\partial}{\partial \varphi} + \frac{1}{\rho^2\sin^2\varphi}\frac{\partial^2}{\partial \theta^2} \quad (A.25)$$

参 考 文 献

[1] [AGA 08] AGATI P., LEROUGE F., ROSSETTO M., Résistance des matériaux, Cours, exercices et applications industrielles, Dunod, 2008.

[2] [ASH 80] ASHBY M. F., JONES D. R. H., Engineering Materials 1: An Introduction to Properties, Applications and Design, Elsevier, 1980.

[3] [ASH 86] ASHBY M. F., JONES D. R. H., Engineering Materials 2: An introduction to microstructures and processing, Elsevier, 1986.

[4] [BAM 08] BAMBEGER Y., VOLDOIRE F., Mécanique des structures: Initiations, approfondissements, applications, Presses des Ponts et Chaussées, 2008.

[5] [BER 99] BERTHELOT J. M., Matériaux composites, Tec & Doc, 1999.

[6] [BOU 01] BOUVET C., De l'Uniaxial au Multiaxial: Comportement Pseudo-élastique des Alliages à Mémoire de Forme, PhD Thesis, University of Besançon, 2001.

[7] [BOU 16] BOUVET C., Tolérance aux dommages d'impact des structures composites aéronautiques, article TRP4042, Techniques de l'ingénieur, 2016.

[8] [BRO 04] BRON F., Déchirure ductile des tôles minces en alliage d'aluminium 2024 pour application aéronautique, PhD Thesis, Mines de Paris, 2004.

[9] [CAS 13] CASTANIE B., BOUVET C., GUEDRA-DEGEORGES D., Structures en matériaux composites stratifiés, Techniques de l'ingénieur, 2013.

[10] [CHE 08] CHEVALIER L., Mécanique des systèmes et des milieux déformables: Cours, exercices et problèmes corrigés, Ellipses, 2008.

[11] [COI 01] COIRIER J., Mécanique des milieux continus, cours et exercices corrigés, Dunod, 2001.

[12] [DEL 08] DELAPLACE A., GATUINGT F., RAGUENEAU F., Aide-mémoire: Mécanique des structures, Dunod, 2008.

[13] [DEQ 12] DEQUATREMARE M., DEVERS T., Précis des matériaux, Dunod, 2012.
Mechanics of Aeronautical Solids, Materials and Structures

[14] [DEV 86] DEVELAY R., Traitements thermiques des alliages d'aluminium, Techniques de l'ingénieur, 1986.

[15] [DOR 86] DORLOT J. M., BAÏLON J. P., MASOUNAVE J., Des matériaux, Edition de l'école Polytechnique de Montréal, 1986.

[16] [DUP 09] DUPEUX M., Introduction à la mécanique des matériaux et des structures,

Dunod, 2009.

[17] [DUP 13] DUPEUX M., Science des matériaux, Dunod, 2013. [18] [DUV 98] DUVAUT G., écanique des milieux continus, Dunod, 1998.

[18] [DUV 98] DUVAUT G., Mécanique des milieux continus, Dunod, 1998.

[19] [FRA 12] FRANÇOIS D., PINEAU A., ZAOUI A., Mechanical Behaviour of Materials, pringer Netherlands, 2012.

[20] [GAY 15] GAY D., Matériaux composites, 6th ed. Hermès-Lavoisier, 2015.

[21] [GER 73] GERMAIN P., Cours de mécanique des milieux continus, tome 1: théorie générale, Masson, 1973.

[22] [GOU 10] GOURGUES-LORENZON A.F., HAUDIN J.M., Matériaux pour l'ingénieur, resses des Mines de Paris, 2010.

[23] [HEA 77] HEARN E.J., Mechanics of Materials, Pergamon International Library, 1977.

[24] [KHA 95] KHAN A.S., HUANG S., Continuum Theory of Plasticity, John Wiley & Sons, 1995.

[25] [LEM 96] LEMAITRE J., CHABOCHE J.L., Mechanics of Solid Materials, Cambridge University Press, 1996.

[26] [MIR 03] MIRANVILLE A., TEMAM R., Modélisation mathématique et mécanique des milieux continus, Springer-Verlag, 2003.

[27] [SAL 01] SALENÇON J., Handbook of Continuum Mechanics, Springer-Verlag, Berlin Heidelberg, 2001.

[28] [THU 97] THUAL O., Introduction à la mécanique des milieux continus déformables, Cépaduès, 1997.

[29] [UGU 03] UGURAL A.C., FENSTER S.K., Advanced Mechanics of Materials and Applied Elasticity, Prentice Hall, 2003.

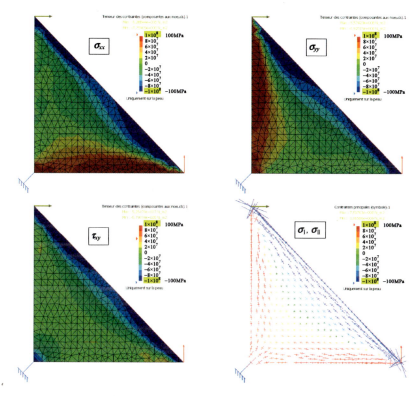

图 5.11 用有限元计算确定在三角形中受外力作用的应力场

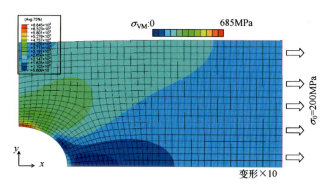

图 7.10 弹性拉伸测试冯·米塞斯应力

彩1

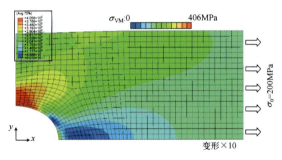

图 7.12 弹塑性开孔拉伸测试冯·米塞斯应力

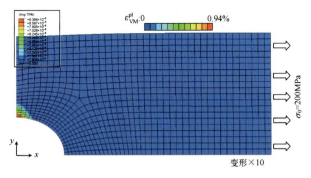

图 7.13 冯·米塞斯塑性应变的弹塑性开孔拉伸试验

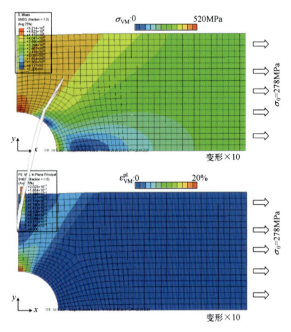

图 7.16 $\sigma_0 = 278$MPa 开孔拉伸测试冯·米塞斯塑性应力和应变

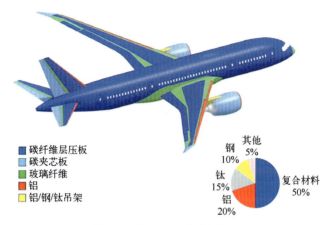

图 8.1 波音 787 采用的材料

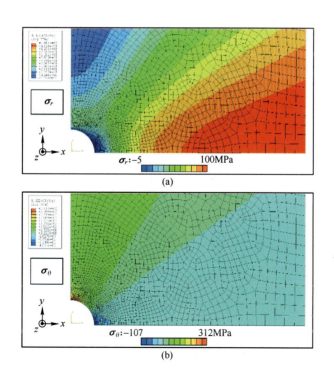

彩3

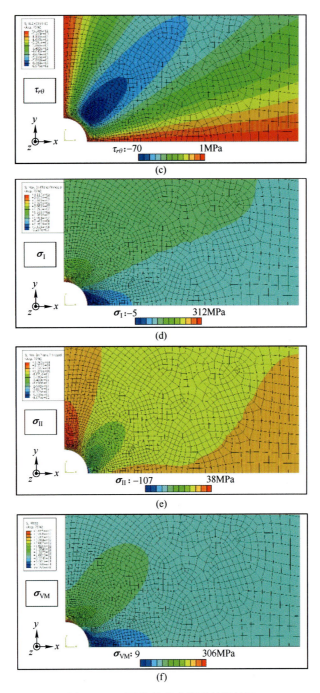

图 9.24 开孔拉伸的有限元计算结果

彩4

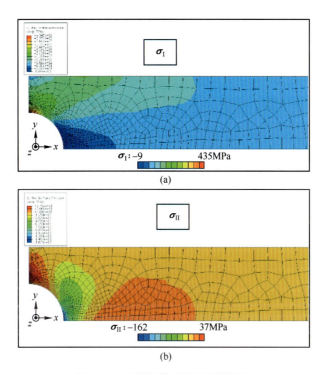

图 9.25 开孔拉伸有限元计算结果

图 10.39 弹性弯曲下梁的应力